AF836717

Bach-Blüten für die Pferdeseele

Bach-Blüten für die Pferdeseele

Entspannung und Linderung durch Bach-Blütentherapie

von Marion Brehmer

WiSa

Bibliografische Information der Deutschen Nationalbibliothek
Die Deutsche Nationalbibliothek verzeichnet diese Publikation in der Deutschen Nationalbibliografie; detaillierte bibliografische Daten sind im Internet über http://dnb.d-nb.de abrufbar.

Bibliographic information published by the Deutsche Nationalbibliothek
Die Deutsche Nationalbibliothek lists this publication in the Deutsche Nationalbibliografie; detailed bibliographic data are available in the Internet at http://dnb.d-nb.de.

Coverabbildungen: © leafart - Fotolia.com; © nito - Fotolia.com

Die mit CC0 1.0 gekennzeichneten Fotos auf den Seiten 24, 26, 35, 38, 47, 56, 58, 99, 103, 106, 109, 116 unterliegen den Lizenzbedingungen von Creative Commons CC0 1.0 Universal Public Domain Dedication (https://creativecommons.org/publicdomain/zero/1.0/deed.en).
Die mit CC-BY-SA-2.0 gekennzeichneten Fotos auf den Seiten 71, 113 unterliegen den Lizenzbedingungen von Creative Commons Attribution-Share Alike 2.0 Generic (https://creativecommons.org/licenses/by-sa/2.0/deed.en).
Die mit CC-BY-SA-2.5 gekennzeichneten Fotos auf den Seiten 30, 33, 52, 69, 74 unterliegen den Lizenzbedingungen von Creative Commons Attribution-Share Alike 2.5 Generic (http://creativecommons.org/licenses/by-sa/2.5/deed.en).
Die mit CC-BY-SA-3.0 gekennzeichneten Fotos auf den Seiten 28, 32, 34, 39, 41, 43, 45, 46, 49, 50, 51, 2x 54, 55, 57, 61, 63, 64, 65, 67, 72, 90, 94 unterliegen den Lizenzbedingungen von Creative Commons Attribution-Share Alike 3.0 Unported (https://creativecommons.org/licenses/by-sa/3.0/deed.en).
Das mit CC-BY-SA-4.0 gekennzeichnete Foto auf der Seite 42 unterliegt den Lizenzbedingungen der Creative-Commons-Lizenz „Namensnennung – Weitergabe unter gleichen Bedingungen 4.0 international". (https://creativecommons.org/licenses/by-sa/4.0/deed.de).

ISBN: 978-3-95538-015-1

© WiSa
Stuttgart 2015

Alle Rechte vorbehalten

Das Werk einschließlich aller seiner Teile ist urheberrechtlich geschützt. Jede Verwertung außerhalb der engen Grenzen des Urheberrechtsgesetzes ist ohne Zustimmung des Verlages unzulässig und strafbar. Dies gilt insbesondere für Vervielfältigungen, Übersetzungen, Mikroverfilmungen und elektronische Speicherformen sowie die Einspeicherung und Verarbeitung in elektronischen Systemen.

All rights reserved. No part of this publication may be reproduced, stored in or introduced into a retrieval system, or transmitted, in any form, or by any means (electronical, mechanical, photocopying, recording or otherwise) without the prior written permission of the publisher. Any person who does any unauthorized act in relation to this publication may be liable to criminal prosecution and civil claims for damages.

Inhalt

Foto: Petra Bork / pixelio

Einleitung

Kaum ein anderes Tier steht in einer ähnlichen und emotional engeren Beziehung zum Menschen wie das Pferd. Als Lauftier lebte es früher in freier Wildbahn in einem sozialen Herdenverband. Heutzutage ist solch ein Leben dem Pferd kaum noch möglich.

Obwohl der Trend sich positiv entwickelt und vermehrt hin zur Offenstallhaltung oder zumindest regelmäßigem Weidegang geht, verbringen noch immer unzählige Pferde bis zu 23 Stunden am Tag in Boxen von wenigen Quadratmetern. Die einzige Abwechslung besteht häufig neben dem täglichen Reiten in den Fütterungen.

Die Folge sind neben den häufigen Allergien auch Verhaltensstörungen und Untugenden. Durch die Unterdrückung wesentlicher Bedürfnisse des Pferdes sowie durch unsachgemäßen Umgang können sich psychische Störungen bei den Tieren entwickeln. Diese äußern sich dann gegenüber Artgenossen oder dem Menschen durch Ängste, Schreckhaftigkeit, Aggressivität, Stereotypien wie Koppen oder Weben oder auch durch vermehrte Krankheitsanfälligkeit.

Der Einsatz der entsprechenden Bach-Blüten kann dem Pferd auf sanfte und nebenwirkungsfreie Art helfen, sein seelisches Gleichgewicht wiederzufinden. Eine dauerhafte Regulierung ist jedoch nur möglich, wenn das Pferd artgerecht gehalten wird und seine Grundbedürfnisse in ausreichendem Maße erfüllt werden. Das Tier sollte als Persönlichkeit gesehen werden, ohne es jedoch zu vermenschlichen. Zum Erkennen von persönlichen Eigenarten und der Behandlung abnormer Verhaltensmuster ist es sehr wichtig, die Instinkte und die Psyche des Pferdes zu verstehen. Nur so kann man dessen Verhalten verstehen sowie eventuell ändern. Hierbei soll Ihnen dieses Buch helfen.

Liegen die Probleme tiefer – aufgrund eines Schocks, eines negativen Erlebnisses oder tiefsitzender seelischer Störungen –, so gilt es, die Psyche des Tieres zu beruhigen. Hierbei leisten die Bach-Blüten unschätzbare Dienste, sofern die richtige Mischung für das jeweilige Tier zusammengestellt und verabreicht wird.

Durch die Kombination einer artgerechten Haltung und Verhaltenskorrekturen mit den richtigen Bach-Blüten können Ängste und Aggressionsbereitschaft aufgelöst, das Selbstbewusstsein gestärkt oder (im Fall von Dominanzstörungen) verringert, Panik- und Schocksymptome ebenso wie Trauer oder Eifersuchtsgefühle gelindert werden.

Bach-Blüten beeinflussen die Seele: Sie regulieren seelische oder auch charakterlich bedingte negative Schwingungen im Lebewesen und stellen wieder ein harmonisches Gleichgewicht her. Positive Energien werden aktiviert und das Immunsystem gestärkt. Bach-Blüten dienen nicht dazu, organische Krankheiten zu beheben, sie ersetzen keinesfalls die Konsultation des Tierarztes im Krankheitsfall, sondern gleichen die zu einer organischen Krankheit führenden oder durch eine Krankheit ausgelösten Disharmonien aus.

Bach-Blüten können daher bei den meisten Verhaltensstörungen unterstützend eingesetzt werden. Die sogenannten *Notfalltropfen* RESCUE sollten meines Erachtens in keinem Stall fehlen – mehr dazu in der Übersicht der Original-Bach-Blüten ab S. 24.

Im Anhang des Buches finden Sie einen Kurz-Analysebogen. Schildern Sie Ihr aktuelles Problem und senden Sie das Formular mit einem an Sie adressierten und mit entsprechendem Rückporto (Brief) versehenen **Freiumschlag** (eine Bearbeitung ist andernfalls leider nicht möglich) an die Autorin. Sie erhalten daraufhin umgehend eine speziell auf ihr Tier zusammengestellte Bach-Blütenempfehlung, welche Sie sich in Ihrer Apotheke mischen lassen können.

Bach-Blüten

Was sind Bach-Blüten und wie wirken Sie?

Bach-Blüten sind Essenzen, welche aus den Blüten von speziell ausgesuchten, wild wachsenden Blumen, Bäumen und Sträuchern auf natürliche Weise hergestellt werden. Genaugenommen handelt es sich um 37 Blüten sowie die Essenz Rock Water (Quellwasser). Ihren Namen verdanken sie dem englischen Arzt Dr. Bach (1886-1936), welcher die 38 Blüten zwischen 1930 und 1936 entdeckte und zur Behandlung von Patienten einsetzte, die an ausgeprägten negativen Gemütszuständen litten – wie beispielsweise an Ängsten, Aggressionen, Verzweiflung und Unsicherheiten. Diese negativen Gemütsverstimmungen waren seiner Meinung nach die Ursache, dass die Patienten überhaupt krank wurden. Mittlerweile ist allgemein bekannt, dass Krankheiten in einer Zeit hoher psychischer und seelischer Belastung gewissermaßen leichtes Spiel haben. Häufig bricht eine Krankheit in einem Moment aus, in dem der Patient seelisch instabil ist. Die Immunabwehr ist geschwächt und der Organismus scheint keine Kraft zu haben, sich gegen die eindringenden Erreger zur Wehr zu setzen.

Werden die inneren Schwingungen erhöht, steigen die Selbstheilungskräfte des Körpers an und eine Krankheit kann leichter und schneller überwunden werden. Negative Einflüsse wie z.B. Stress haben großen Einfluss auf das Immunsystem. Die Bach-Blüten beheben die Ursache und die Symptome lösen sich auf, sobald die inneren Disharmonien ausgeglichen werden.

Auch bei Tieren besteht ein sehr enger Zusammenhang zwischen seelischen Disharmonien und organischen sowie psychischen Störungen. Die Praxis hat gezeigt, dass Tiere oftmals besonders schnell auf die positiven Impulse der Bach-Blüten reagieren, so dass eine Harmonisierung häufig schon innerhalb kürzester Zeit erreicht wird. Ein scheues und ängstliches Pferd kann zum Beispiel mit der Blüte Mimulus nach wenigen Tagen seine Furchtsamkeit überwinden und zunehmend Mut und Vertrauen entwickeln.

Wer seinem Tier mit Bach-Blüten helfen möchte, sollte trotzdem im Zweifelsfalle abklären, ob das veränderte Verhalten unter Umständen organische Ursachen hat. Die Bach-Blüten-Therapie kann und will eine notwendige tierärztliche Behandlung nicht ersetzen. Vor allem bei akuten psychischen Störungen und Verhaltensstörungen (wie Ängsten, Aggressionen, Herdenproblemen, Ausbildungsschwierigkeiten), bei Notfällen aller Art und als seelische Unterstützung in schwierigen Situationen (zum Beispiel Besuch des Schmieds, Transport, Geburt, Trauer) sind sehr gute Erfolge erzielbar. Auch zur Mitbehandlung chronischer Erkrankungen (zum Beispiel Durchfall, Ekzeme oder Allergien) werden die Blüten erfolgreich eingesetzt.

Zeigt ein Tier scheinbar unerklärliche seelische Verhaltensänderungen, kann, die Beobachtung seines Umfeldes häufig Aufschluss über die Ursache der Störungen geben. Ein Pferd steht in vielen Beziehungen zu seiner Umwelt: Der Herde, dem Besitzer, manchmal verschiedenen Reitern ... Oft spiegelt sein Verhalten die Konflikte seiner Umgebung wider: Veränderungen im Umfeld (Stallwechsel, neuer Boxennachbar oder neues Herdenmitglied, Umbauarbeiten der Reitanlage und vieles mehr).

Was der Tierhalter als Unart empfindet, kann durchaus ein seelischer Hilfeschrei des Tieres sein, welches sich nicht anders äußern kann. Erfahrene Tiertherapeuten versuchen daher immer zuerst, ein genaues Bild vom Lebensumfeld des Tieres zu gewinnen. Manchmal ist es sinnvoll, wenn sich auch der betroffene Reiter einer gezielten Bach-Blüten-Therapie unterzieht.

Wie der Alltag leider deutlich zeigt, sind sich viele Menschen ihrer Verantwortung gegenüber den Tieren häufig nicht bewusst, eine artgerechte Haltung und Versorgung wird oft aus Unwissenheit oder Nachlässigkeit oder aufgrund einer Vermenschlichung des Tieres missachtet. Jeder Pferdehalter sollte daher zuerst unbedingt sicherstellen, dass das Tier seiner Art entsprechend möglichst natürlich gehalten wird. Hierzu gehört ausreichender Auslauf und Bewegung mit Weidegang, gesunde und ausgewogene Ernährung sowie der nötige Kontakt zu Artgenossen. Mit den Bach-Blüten-Konzentraten können keine Schäden behoben werden, die durch eine falsche Haltung entstanden sind! Auch eine Überforderung zum Beispiel beim Sport kann bei dem Pferd eine psychische Überforderung und eventuelle spätere körperliche Krankheit auslösen.

Dr. Edward Bach

Dr. Edward Bach (1886-1936) war zu seiner Zeit in England ein bekannter Immunologe, Bakteriologe und Pathologe. Bach stieß bei seiner Arbeit als Assistent am bakteriologischen Institut der Universitätsklinik auf sieben Gruppen von Darmbakterien, welche seiner Beobachtung nach in einem engen Zusammenhang mit der Entstehung chronischer Krankheiten standen. Diese Bakterien fanden sich zwar auch im Darm gesunder Personen, bei chronisch Kranken traten sie jedoch deutlich vermehrt auf. Versuchsweise stellte er aus den aus dem Stuhl erkrankter Patienten isolierten Bakterienstämmen Impfstoffe her und injizierte sie denselben Personen, unabhängig von der Art ihrer Beschwerden.

Die damit erreichten Heilerfolge waren überwältigend. Nicht nur das Allgemeinbefinden besserte sich nachhaltig, auch chronische Leiden wie Arthritis, Rheumatismus und Kopfschmerzen besserten sich oder verschwanden völlig aufgrund der Injektionen. Allerdings verursachte diese Therapie teilweise auch schmerzhafte Reaktionen, weshalb Bach sehr bald nach alternativen Anwendungsformen suchte. Später kam er mit der Homöopathie (nach Samuel Hahnemann) in Berührung und potenzierte daraufhin die Bakterienkulturen. Die auf diese Weise hergestellten Nosodenpräparate (nach dem homöopathischem Verfahren hergestellte Zubereitungen aus veränderten Organteilen, meist von Tieren oder abgetöteten Kulturen von Bakterien oder auch aus anderen tierischen Organen oder Körperflüssigkeiten) verabreichte er innerlich.

Die dadurch erzielten Resultate übertrafen die der Injektionen bei weitem. Gleichzeitig vereinfachte sich die Anwendung. Diese neue Methode fand großes Interesse in ärztlichen Kreisen und verbreitete sich auch in Amerika, Deutschland und zahlreichen anderen Ländern.

Neben der Wirkung der von ihm entwickelten homöopathischen Präparate interessierte sich Bach auch für deren eventuelle Gemütssymptome. Hierbei stellte er fest, dass jede dieser Bakteriengruppen auf einen klar umrissenen Persönlichkeitstyp wirkte. Auf diese Weise konnte er mit der Zeit allein aufgrund der Beobachtung des Patienten, dessen Verhalten und der sich zeigenden Symptome auf die bei ihm vorherrschende Bakteriengruppe schließen und das entsprechende Nosodenpräparat verordnen.

Trotz immenser Heilerfolge war Bach jedoch noch immer mit seiner Arbeit unzufrieden. Zum einen wollte er nicht auf Dauer mit den von der Krankheit selbst erzeugten Substanzen (den als Impfstoff oder als homöopathische Arznei aufbereiteten Darmbakterien) arbeiten und suchte nach pflanzlichen Alternativen. Zum anderen sah er Krankheit als Folge einer Disharmonie zwischen Körper und Seele des Menschen an und forschte nach Möglichkeiten für eine Behandlung der eigentlichen Ursachen im Gemütsbereich.

Um sich ganz der Forschung widmen zu können, gab er schließlich seine gutgehende Praxis in London auf und zog aufs Land. Aufgrund seiner stark ausgeprägten Sensitivität fand er im Verlauf von sechs Jahren 37 Pflanzen sowie eine Essenz aus heilkräftigem Wasser, die in ihren Schwingungen 38 archetypischen Seelenzuständen des Menschen entsprechen.

Bach fand zuerst die sogenannten zwölf Heiler: Agrimony, Centaury, Cerato, Chicory, Clematis, Gentian, Impatiens, Mimulus, Scleranthus, Rock Rose, Vervain und Water Violet.

Er bemerkte jedoch dann, dass diese zwölf Blüten alleine bei hartnäckigen Fällen zu keinem befriedigendem Erfolg führten. Lebewesen, die sich in ihr Schicksal gefügt haben, benötigen stärkere Pflanzen, und zwar solche, die in großen Ständen die Landschaften dominieren, oder solche, die von hohem Wuchs und satter Farbe sind.

Diese sieben weiteren Pflanzen spielen auch im Brauchtum und den keltischen Überlieferungen eine große Rolle. Bach fand als die sogenannten sieben Helfer: Gorse, Heather, Oak, Olive, Rock Water, Vine und Wild Oat.

Gleichzeitig entwickelte er eine völlig neue Methode, um daraus Heilmittel herzustellen. Das in der Homöopathie übliche Potenzierungsverfahren erwies sich dazu als ungeeignet.

Zur Gewinnung der Blütenessenzen verwendete Bach einfache Potenzierungsverfahren und griff dabei auf überlieferte Handhabungen zurück, die bereits schon die Indianer für ihre Pflanzen verwendet hatten.

Bach betrachtete Krankheit als „ein Werkzeug, dessen sich die Seele bedient, um auf Fehler hinzuweisen, um uns daran zu hindern, noch mehr Schaden anzurichten und uns auf den Weg der Wahrheit und des Lichts zurückzubringen, von dem wir hätten nie abkommen sollen."

Bach-Blüten sind einsetzbar:

- Im Notfall und bei akuten seelischen Belastungen (Rescue-Notfalltropfen).
- Bei langanhaltenden, chronischen Beschwerden zur Bekämpfung der Ungeduld oder Reizbarkeit.
- Zur Therapie von seelisch bedingten Verhaltensstörungen.
- Zur Unterstützung der Ausbildung, bei Schwierigkeiten unter dem Sattel, Problemen im Umgang.

In vielen Jahren der Anwendung von Bach-Blüten wurden keine unerwünschten Effekte weder beim Menschen noch beim Tier beobachtet. Wechselwirkungen mit Medikamenten sind nicht bekannt und Bach-Blüten lassen sich hervorragend mit allen anderen tiermedizinischen und alternativen Behandlungen kombinieren.

Kommt es zu stärkeren physischen oder psychischen Reaktionen (sog. Erstverschlimmerung), so sind diese wie auch in der Homöopathie positiv zu bewerten: Sie kündigen den Beginn des Heilungsprozesses an.

Erstreaktionen können sein:

- Hohes Schlafbedürfnis,
- unruhiger Schlaf,
- am Tag gezeigte Unruhe mit ziellosem Umherlaufen,
- Durchfall
- oder auch Desinteresse an den sonst gewohnten Aktivitäten.

Üblicherweise klingen diese Reaktionen innerhalb von ein bis zwei Tagen ab und zeigen an, dass die richtigen Blüten ausgewählt wurden. Da auch Tiere Individuen sind und unterschiedlich reagieren, tritt nicht immer eine Erstreaktion auf. So deutet auch das Ausbleiben einer sichtlichen Reaktion nicht auf eine falsche Blütenwahl hin.

Die sieben Hauptgruppen

Dr. Bach ordnete alle emotional problematischen Zustände in sieben Hauptgruppen mit dazugehörenden Blüten ein.

1. Angst *(Aspen, Cherry Plum, Mimulus, Red Chestnut, Rock Rose)*

Negative Gemütszustände:

- Panik – Rock Rose sorgt für Geistesgegenwart
- Angst vor konkreten Dingen – Mimulus fördert die Tapferkeit
- Angst, durchzudrehen – Cherry Plum bringt mehr Gelassenheit
- Vage Ängste – Aspen sorgt für bewusste Sensitivität
- Angst um andere – Red Chestnut fördert die Eigenständigkeit

2. Unsicherheit *(Cerato, Gentian, Gorse, Hornbeam, Scleranthus, Wild Oat)*

Negative Gemütszustände:

- Urteilsschwäche – Cerato fördert die Intuition
- Innere Zerrissenheit – Scleranthus gibt Entscheidungskraft
- Pessimismus – Gentian stärkt das Vertrauen
- Hoffnungslosigkeit – Gorse gibt Hoffnung
- Mentale Müdigkeit – Hornbeam für mehr Antriebskraft
- Desorientiertheit – Wild Oat bringt Zielstrebigkeit

3. Mangelndes Interesse an der Gegenwart *(Clematis, Chestnut Bud, Honeysuckle, Mustard, Olive, White Chestnut, Wild Rose)*

Negative Gemütszustände:

- Träumer – Clematis sorgt für Realitätssinn
- Idealisieren der Vergangenheit – Honeysuckle fördert das Bewusstsein für die Gegenwart
- Resignation – Wild Rose stärkt die Lebensfreude
- Abwesenheit – White Chestnut fördert innere Ruhe
- Traurigkeit, Depression – Mustard gibt „inneres Licht"
- Mangelnde Fehlerverarbeitung – Chestnut Bud fördert die Lernbereitschaft
- Totale Erschöpfung – Olive regeneriert den Organismus

4. Einsamkeit *(Heather, Impatiens, Water Violet)*

Negative Gemütszustände:

- Isolation – Water Violet fördert die Beziehungsfähigkeit
- Ungeduld/Hektik – Impatiens stärkt die Geduld
- Selbstbezogenheit – Heather sorgt für Einfühlungsvermögen

5. Überempfindlichkeit *(Agrimony, Centaury, Holly, Walnut)*

Negative Gemütszustände:

- Harmoniesucht – Agrimony fördert Konfliktfähigkeit
- Willensschwäche – Centaury gibt Willenstärke
- Beeinflussbarkeit – Walnut für mehr Wandlungsfähigkeit/Anpassung
- Eifersucht/Hass – Holly öffnet das Herz.

6. Mutlosigkeit und Verzweiflung *(Crab Apple, Elm, Larch, Pine, Oak, Star of Betlehem, Sweet Chestnut, Willow)*

Negative Gemütszustände:

- Mangelndes Selbstvertrauen – Larch fördert das Selbstwertgefühl
- Schuldgefühle/Unterwürfigkeit – Pine reguliert
- Stress – Elm gibt innere Zuversicht
- Völlige Verzweiflung – Sweet Chestnut sorgt für Erlösung
- Altes Trauma – Star of Betlehem als Seelentröster
- Verbitterung – Willow gibt Selbstverantwortung
- Falsches Pflichtgefühl – Oak verhilft zu gesunder Ausdauer
- Infektanfälligkeit – Crab Apple gibt Reinheit und Ordnung

7. Übermäßige Besorgtheit um andere *(Beech, Chicory, Rock Water, Vervain, Vine)*

Negative Gemütszustände:

- Besitzergreifend – Chicory schenkt bedingungslose Liebe
- Übereifer – Vervain fördert die Begeisterungsfähigkeit
- Eigenwilligkeit – Vine sorgt für Autorität im Inneren
- Kritiksucht, Intoleranz – Beech stärkt die Toleranz
- Strenge mit sich selbst (Verspannung) – Rock Water verhilft zu Flexibilität

Diese Zustände gelten für den Menschen ebenso wie für alle Tiergattungen. Für diese seelischen Probleme gibt es dann noch diverse Helfer-Blüten, welche – je nach Charakter und Gemütszustand des Pferdes –die "richtige" Mischung bilden.

Foto: © nito – Fotolia.com

Dosierung und Verabreichung

Selbstzubereitung einer Einnahmeflasche

Zur selbständigen Zubereitung benötigen Sie:

- Die Konzentrate (Stock Bottles) der ausgewählten Blüten.
- Eine 20- oder 30 ml-Flasche mit Tropfpipette oder Tropfverschluss.
- Wasser ohne Kohlensäure.

Eine zusätzliche Konservierung ist zur Anwendung bei Tieren nicht sinnvoll. Herkömmliche Konservierungsmittel wie 45-prozentiger Alkohol oder Obstessig werden von den Tieren häufig strikt abgelehnt, unkonservierte Mischungen jedoch meist gerne eingenommen.

Die Verdünnung erfolgt, indem man pro 10 ml stilles Wasser einen Tropfen der entsprechenden Blüte zufügt. Bei einem 30-ml-Fläschchen kommen also pro Blüte 3 Tropfen des Konzentrates in das Wasser. Wird nur eine einzige Blüte benötigt, so gibt man von dieser 2 Tropfen je 10 ml Wasser hinzu.

Je nach Situation können beliebig viele Blüten miteinander gemischt werden. Aufgrund meiner Erfahrungen halte ich die allgemein gültige Begrenzung auf bis zu sechs Blüten für nicht immer sinnvoll, in Ausnahmefällen kann durchaus eine größere Anzahl Blüten verwendet werden. Manchmal sind auch bereits ein bis zwei Blüten ausreichend.

Die Aufbewahrung der Stockbottles sollte bei Zimmertemperatur erfolgen, möglichst vor Licht und elektrischen Reizen (Mikrowelle, elektrischen Geräten) geschützt. Bei höheren Temperaturen sollte man die Mischung im Kühlschrank aufbewahren beziehungsweise generell lieber eine kleine Flasche benutzen. Das angegebene Verfallsdatum ist eine rein formelle Vorschrift. Da die energetische Energie unbegrenzt erhalten bleibt, sind die Stockbottles bei sachgerechter Lagerung nahezu unbegrenzt haltbar.

Dosierung

Gering, ganz gering! Hochdosierung, eine sehr beliebte Verschreibungsart der modernen Medizin, gab es bei Dr. Bach nicht – und übrigens auch in der ganzen Natur nicht. Diese arbeitet immer – bei der Lösung aller ihrer Probleme – mit Minidosierungen.

Da Naturheilmittel (Bach-Blüten ebenso wie homöopathische Heilmittel) am schnellsten durch die Maulschleimhaut aufgenommen werden, sollten Sie folgende Punkte beachten:

- Geben Sie die Mittel möglichst nicht ins Futter oder Wasser, sondern direkt ins Maul oder auf einem Apfel-, Karotten- oder Zuckerstück. So erzielen Sie die beste Wirkung.
- Verabreichen Sie die Heilmittel vor der Fütterung.
- Geben Sie mehrere Mittel nicht gleichzeitig, sondern mit ca. 15-minütigem Abstand, so dass sich die Mittel in ihrer Wirkung nicht stören oder aufheben.

Foto: Jennifer Kolling / pixelio

Wenn Sie keine anderen Dosierungsangaben von Ihrem Therapeuten erhalten haben, halten Sie sich an folgende Regeln:

	Fohlen/Ponys	Erwachsene Pferde	Tagesgaben
ch- ten	2-5 Tropfen	5-8 Tropfen	2-3 x
cue- pfen	6-8 Tropfen	8-10 Tropfen	nach Bedarf

In akuten Fällen können Bach-Blüten häufiger gegeben werden.

Stellen Sie eine Besserung fest, sollten Sie die Heilmittel nicht sofort absetzen, sondern sich aus der Therapie „herausschleichen". Das bedeutet, dass Sie die Gaben allmählich reduzieren.

Für eine Bach-Blütengabe von 2 x 5 Tropfen reduzieren Sie beispielsweise folgendermaßen:

für 2 Tage auf 2 x 4 Tropfen
für 2 Tage auf 2 x 3 Tropfen
für 2 Tage auf 2 x 2 Tropfen

Dann hören Sie mit der Therapie auf.

Kombination mit homöopathischen Mitteln und Medikamenten

Da Bach-Blüten nebenwirkungsfrei sind und keinerlei Wechselwirkungen bekannt sind, können sie bedenkenlos in Kombination mit anderen Medikamenten und natürlich auch mit Homöopathika verabreicht werden. Eine Wartezeit von einigen Minuten zwischen den Gaben verschiedener Heilmittel sollte eingehalten werden.

Therapiedauer – Wie lange sollten Bach-Blüten eingenommen werden?

Bach-Blüten brauchen manchmal etwas Zeit und Geduld, denn Wunder dauern etwas länger. In unserer schnelllebigen Zeit bringen viele Menschen nicht die Geduld auf, die Essenzen ihrem Pferd über mehrere Wochen oder sogar Monate zu geben und in Ruhe eine Veränderung abzuwarten, ihr Tier überhaupt geduldig zu beobachten.

Insgesamt sollte die Gabe erfolgen, solange die Symptomatik besteht. Es kann aber im Laufe der Therapie zu einer Änderung des Therapieschwerpunktes kommen, zum Beispiel, in dem das zu Grunde liegende Problem aufgedeckt wird. Deshalb ist es wichtig, nach drei bis vier Wochen zu testen ob die Zusammenstellung der Blütenmischung noch stimmt und oder ob diese gegebenenfalls zu ändern ist.

Generell werden drei Therapiedauern unterschieden.

Die Akuttherapie
Wird empfohlen für akute und plötzlich auftretende Verhaltensstörungen oder seelische Probleme für einen anfänglichen Zeitraum von einem bis 14 Tagen. Hierbei kommen häufig nur eine oder wenige Blüten zum Einsatz.

Die langfristige Therapie
Kommt bei allen schon länger bestehenden Störungen zur Anwendung und wird für mehrere Monate bis zu einem Jahr durchgeführt. Hier sind meist mehrere Blüten nötig und die Zusammensetzung sollte nach zwei bis vier Wochen überprüft und gegebenenfalls abgeändert werden – je nach veränderter Gemütslage des Pferdes.

Die Dauertherapie
Ist angebracht, wenn das Pferd nach dem Absetzen seiner Mischung wieder die alten Verhaltensauffälligkeiten zeigt.

Wie lange eine Bach-Blütentherapie durchgeführt werden sollte, ist je nach Situation individuell verschieden und kann nicht allgemeingültig festgelegt werden. Ich empfehle stets die Anfangsmischung für zunächst zwei bis vier Wochen. Danach sollte eine Rücksprache mit dem Therapeuten erfolgen, wonach die Zusammensetzung nach Bedarf geändert werden kann.

Zeigen sich innerhalb der ersten 14 Tage nach Beginn der Einnahme keinerlei Veränderungen, so sollten die eingesetzten Blüten überdacht und die Problemsituation des Pferdes nochmals analysiert werden. Nicht immer ordnet der Pferdehalter gewisse Verhalten seines Tieres objektiv ein und häufig ist auch etwas detektivischer Spürsinn nötig, um die seelische Not des Pferdes richtig zu beurteilen.

Bach-Blüten im Turniersport – Doping

Da bei den Dopingvorschriften im Reitsport mittlerweile die Nullgrenze gilt, fallen alle Heilmittel, welche Herz- und Kreislauf sowie die Atemwege beeinflussen könnten, unter diese Regelung. Dies ist bei Bach-Blüten nicht der Fall.

Da Bach-Blüten aufgrund ihrer energetischen Schwingungen auf die Psyche und Seele des Lebewesens wirken und keine Rückstände ausgeschieden werden, wäre ein Dopingvorwurf – unter Anbetracht der aktuellen Kenntnisse – nicht möglich.

Da jedoch der Alkoholgehalt der Rescue-Tropfen mit den heutigen feinen Analysemethoden nachweisbar ist, ist hier der Einsatz von Rescue als Mischung in Form von 10 Tropfen auf 20ml stilles Wasser oder in Globuli-Form (z. B. MiraFlowers) sinnvoll. Bis zwei Tage vor dem Turnier sollte auch der Gebrauch der Original Rescue-Tropfen unbedenklich sein.

Foto: Paulwip / pixelio

Bezugsquellen der Bach-Blüten-Konzentrate und alternative Hersteller

Die Original-Bach-Blüten werden in England durch A. Nelson & Co. in London hergestellt und sind in Deutschland offiziell nur in Apotheken erhältlich – entweder als Einzelblüten in Stockbottles oder als komplette Sets. In Österreich erhält man sie ebenfalls in Apotheken und vereinzelt auch in Drogerien. In der Schweiz gelten die Bach-Blüten als frei verkäuflich, meist in Drogerien und Apotheken.

In gut sortierten Apotheken werden Mischungen nach den eigenen Wünschen hergestellt. Zeigt es sich im Verlauf der Therapie, dass eine Langzeittherapie nötig ist, so ist jedoch meist die Anschaffung der entsprechenden Blüten als Stockbottles günstiger.

Wer nicht alleine auf die hiesigen Apotheken zurückgreifen möchte, dem bieten sich im Internet vielfältige Möglichkeiten, Bach-Blüten sowie alternative Blütenessenzen relativ günstig zu bestellen. Einige der oben genannten Blütenessenzen werden angeboten von

www.bachbluetenhaus.com oder
www.bachbluetenapotheke.com.

Hier erhält man neben den gängigen "Healing Herbs" auch die neuen und von mir getesteten und als sehr wirkungsvoll eingestuften MiraFlowers zu günstigen Preisen. Diese Firma entwickelte nun auch eine spezielle alkoholfreie Bach-Blüten-Globuli-Serie für Tiere.

MirianaPet

Neben der Herstellung von Bach-Blüten für den Menschen wurden MirianaPet Bach-Blüten abgestimmt auf die spezifischen Bedürfnisse unserer geliebten Tiere entwickelt.

Zunächst werden nach den Vorgaben von Dr. Bach wässrige Auszüge (Uressenzen) der entsprechenden Pflanzen gewonnen. Diese Uressenzen werden auf Globuli (Streukügelchen aus reiner Saccharose) aufgebracht. Die Wirksamkeit entspricht nach langjährigen Erfahrungen den klassischen Bach-Blütenessenzen auf Alkoholbasis. Vorteil der Globuli ist die einfache Verfügbarkeit sowie die absolute Alkoholfreiheit.

Die Anwendung der MirianaPet Globuli

Tiere bis 30kg erhalten 3x pro Tag einen Globulus, schwerere Tiere erhalten eine dem Gewicht entsprechende Menge. Eine Überdosierung ist prinzipiell nicht möglich, da nur die Informationen des Heilmittels vom Tier aufgenommen werden, die es benötigt.

Gewicht	Tagesmenge Globuli
Bis 30 kg	3 x täglich 1 Globulus
30-60 kg	3 x täglich 2 Globuli
60-90 kg	3 x täglich 3 Globuli
90-120 kg	3 x täglich 5 Globuli
120-200 kg	4 x täglich 5 Globuli
über 200 kg	4 x täglich 6 Globuli

Gabe über das Trinkwasser
Globuli in das Trinkwasser geben und mit einem Kunststoff-Löffel 20x umrühren. Die Globuli brauchen dabei nicht aufgelöst zu werden, da sich die Informationen an der Oberfläche der Globuli befinden und durch das Umrühren an das Wasser abgegeben werden.

Gabe über das Futter
Globuli unter das Futter geben.

Direkte Gabe
Globuli ins Maul geben. Das Tier muss die Globuli nicht schlucken, sondern nur die Information des Mittels aufnehmen können. Deshalb reicht es oft, bei Pferden die Globuli in die Maulwinkel zu stecken. Eine direkte Gabe empfiehlt sich auch bei der Anwendung von Notfallglobuli (First Aid/Rescue) in Krisensituationen.

Foto: AnRo0002 / CC0 1.0

Die Original-Bach-Blüten für Pferde

1. Agrimony (Odermennig)

Diese Blüte ist für gesellige, friedliche Pferde, die nach außen hin fröhlich wirken und sich trotz Krankheit zur Aktivität motivieren lassen. Krankheit wird allzu leicht verharmlost. Diesen Tieren ist Ruhe und Frieden wichtig, bei Störungen der Harmonie geraten sie in Konflikt mit sich selbst und versuchen, ihre innere Ruhelosigkeit zu überspielen. In der Herde oder auch in der Box sind sie ständig in Bewegung.

Die Pferde sind überempfindlich gegenüber allem, was ihre Harmonie stört. Sie schlingen ihr Futter hinunter, sind anderen Pferden gegenüber friedliebend und nehmen alles in Kauf. Bei Krankheit zeigen sie einen vermehrten Drang zur Bewegung. Unter dem Reiter sind diese Pferde meist unkompliziert und gehorsam, jedoch leicht ablenkbar und verlieren schnell die Lust. Einsatz auch zur Entgiftung, nach körperlich starken Belastungen (Distanzritt, ...).

Agrimony hilft den Pferden, konfliktfähig zu werden (Ehrlichkeitsblüte). Im positiven Agrimony-Zustand zeigen die Pferde wieder wahre Fröhlichkeit und machen einen ausgeglichenen Eindruck. Agrimony verhilft zu innerer Ruhe und Frieden.

Symptome und Einsatz

- Ablenkbarkeit
- Abszesse
- Angst vor dem Alleinbleiben
- Anpassungsprobleme
- Ausdruck der Augen: traurig, einsam
- Beeinflussbar
- Bewegungsdrang stark ausgeprägt
- Eingewöhnungsprobleme in neuem Stall/neuer Besitzer
- Empfindlichkeit gegen Tadel
- Entgiftung (Begleittherapie)
- Friedliebend
- Geräuschempfindlich
- Gieriges Fressen
- Hautkrankheiten
- Klaffende Wunden (Begleittherapie)
- Körperliche Überlastung
- Mangelnde Ausdauer
- Nervosität
- Parasitenbefall
- Schwäche
- Überforderungsanzeichen
- Übergewicht
- Unentschlossenheit
- Unruhe
- Unterwürfigkeit
- Verletzungen häufige
- Verlustangst
- Zurückhaltung

2. Aspen (Espe oder Zitterpappel)

Für schreckhafte, oft sensible Pferde mit ängstlichem Verhalten. Der Grund der Ängstlichkeit ist häufig unklar und die Angst erscheint unsinnig. Häufig zeigen die Tiere einen unruhigen Schlaf, Angstzittern und/oder einen gehetzten Ausdruck.

Bestimmte Orte werden aus Angst gemieden – die Pferde scheuen häufig, sind sehr sensibel, nervös und äußerst feinfühlig. Diese Pferde bleiben nicht gerne alleine und zittern bei geringem Anlass oder erstarren vor Schreck. Aspen gehört zu den wichtigsten Angstblüten und bildet den Gegensatz zu Mimulus (Angst vor bestimmten Dingen). Die Gabe erfolgt jedoch häufig zusammen, da Pferde, welche Aspen gegen unklare Ängste benötigen, auch

Ängste vor fassbaren, bestimmten Dingen entwickelt haben. Sensible Aspen-Pferde übernehmen Anspannung und Angst auch von ihrem Reiter. Einsatz auch nach Misshandlungen und bei Wetterfühligkeit.

Aspen verhilft zu mehr Mut und Vertrauen (Ahnungsblüte). Im positiven Aspen-Zustand lassen sich die Pferde weniger einschüchtern, reagieren gelassener in angstauslösenden Situationen und eine Steigerung der Zuversicht und des Vertrauens tritt ein.

Foto: AnRo0002 / CC0 1.0

Symptome und Einsatz

- Angst allgemein
- Angst in fremder Umgebung
- Angst vor Bestrafungen
- Angst vor dem Alleinbleiben (Kleber)
- Angst vor dem Anfassen
- Angst vor Knallgeräuschen, Donner
- Darmprobleme, Durchfall (Begleittherapie)
- Empfindlichkeit
- Hektik durch Angst
- Mutlosigkeit
- Nach Misshandlung, schlechter Haltung, Besitzerwechsel
- Nervosität
- Panik
- Schreckhaftigkeit
- Sensibilität
- Silvesterangst
- Unklare Ängste
- Wetterfühligkeit
- Zittern

Foto: Elisa Al Rashid / pixelio

3. Beech (Rotbuche)

Diese Pferde lehnen ihre Artgenossen ab, sind intolerant und häufig aggressiv, gebärden sich kampfwütig oder zeigen Protestreaktionen – auch gegen ihre Reiter.

Bereits Kleinigkeiten reizen sie und lösen ein aggressives Verhalten aus. Der Artgenosse gilt als potentieller Feind. Protest- und aggressives Verhalten, auch gegenüber dem Menschen tritt auf. Selbstzerstörerisches Verhalten ist möglich.

Die überaus selbstbewussten Tiere isolieren sich von der Herde und greifen sich nähernde Artgenossen an. Durch ihre Arroganz, ständige Angriffslust und ihren übersteigerten Willen beunruhigen sie häufig eine Herde und haben massive Kontaktschwierigkeiten.

Beech ist auch bekannt als wichtigste Allergieblüte – bei Sommerekzem, Futtermittel- und Stauballergie sowie bei Allergien gegen Insektenstiche. Einsatz auch bei übertriebenem Schutztrieb und Anpassungsschwierigkeiten.

Beech stärkt die Toleranzbereitschaft und hilft, andere zu akzeptieren (Toleranzblüte). Im positiven Beech-

Zustand steigt die Akzeptanz der Pferde anderen Artgenossen und den Menschen gegenüber. Beech fördert den Sanftmut.

Foto: Gerhard Elsner / CC-BY-SA-3.0

Symptome und Einsatz

- Ablehnung von Artgenossen oder Menschen
- Abwehrschwäche
- Aggressionen
- Angriffslust
- Anpassungsschwierigkeiten
- Anspannung
- Arroganz
- Arthrose (Begleittherapie)
- Auflehnung gegen Herdenmitglieder oder Reiter
- Buckeln
- Dominanz
- Fellbeißen
- Futterverweigerung aus Protest
- Futtermittelallergie (Begleittherapie)
- Gelenkprobleme (Begleittherapie)
- Hautprobleme
- Kontaktschwierigkeiten zu Herdenmitgliedern
- Schmerzempfindlichkeit
- Steigen
- Streitsüchtigkeit
- Sturheit
- Übertriebener Schutztrieb (Fohlen)
- Übersteigerter Wille
- Unausgeglichenheit
- Unverträglichkeit
- Verweigert aus Protest

4. Centaury (Tausendgüldenkraut)

Für willensschwache, ruhige und gutmütige Pferde, meist überbrav und lernwillig, welche sich von Menschen regelrecht ausnutzen lassen, passiv und schwach.

Die Pferde können sich nicht durchsetzen, lassen sich von Artgenossen alles gefallen und nehmen in der Herde stets eine untergeordnete Position ein. Diese Tiere sind anfällig für Infektionserkrankungen, Parasitenbefall und Verletzungen.

Sie ordnen sich auch dem Reiter

Foto: Nanosanchez / Wikimedia Commons

willig unter und lassen sich im Sport leicht überfordern – bis zur totalen Erschöpfung. Die Pferde können sich nur schwer konzentrieren und werden rasch müde, da sie sich zu viel zumuten. Häufig treten immer wiederkehrende Infektionen und Parasitenbefall auf.

Centaury hilft willensschwachen Tieren (Blüte des Dienens). Im positiven Centaury-Zustand erfüllen die Pferde ihre Aufgaben ebenso pflichtbewusst wie zuvor, doch sie erkennen ihre Grenzen eher und können ihre eigenen Kräfte besser einschätzen. Centaury fördert die Vitalität und das Durchsetzungsvermögen.

Symptome und Einsatz

- Anpassungsprobleme
- Atemwegskrankheiten
- Chronische Krankheiten (Begleittherapie)
- Empfindlichkeit gegen Lärm und Lichteinfluss
- Erschöpfung
- Fixierung auf bestimmten Artgenossen oder Besitzer
- Genesung – zur Unterstützung nach Krankheit
- Gutmütigkeit
- Häufige Verletzung oder Krankheit
- Husten (Begleittherapie)
- Immunschwäche

- Kraftlosigkeit
- Anfälligkeit für Krankheiten
- Labilität
- Lange Krankheit (Begleittherapie)
- Mangelndes Selbstvertrauen
- Nachgiebigkeit
- Passivität
- Schüchternheit
- Schwäche
- Starke Besitzerfixierung
- Unsicherheit
- Unterwürfigkeit
- Willensschwäche

Foto: Andrew Bossi / CC-BY-SA-2.5

5. Cerato (Bleiwurz oder Hornkraut)

Die Pferde zeigen auffällig unsicheres und wechselhaftes Verhalten, wirken zögernd und gehemmt, sind unsicher im Umgang mit anderen Pferden und ordnen sich ihnen unter. Sie gehorchen wahllos auch jedem Menschen – nicht nur der Bezugsperson – und entwickeln eine zu große Abhängigkeit vom Besitzer.

Das Alleinbleiben macht ihnen Angst, sie wirken stets gehemmt und unentschlossen, als hätten sie Angst, Fehler zu machen. Im Herdenverband nehmen sie eine rangniedere Position ein – häufig bei jungen Pferden. Die Fohlen wurden häufig zu früh von der Stute getrennt.

Cerato verhilft zu gesteigertem Zutrauen in die eigenen Fähigkeiten. (Intuitionsblüte). Im positiven Cerato-Zustand verhalten sich die Pferde wissbegierig und neugierig. Sie zeigen wieder Eigeninitiative und sind weniger von anderen abhängig. Cerato fördert das natürliche Selbstbewusstsein.

Symptome und Einsatz

- Ahmt andere Pferde nach
- Allergien (Begleittherapie)
- Ängstlichkeit
- Angst vor dem Alleinsein
- Deckprobleme, Stute nimmt nicht auf

- Entwicklungsdefizite
- Gelenkschwäche (Begleittherapie)
- Heimweh
- Hemmungen
- Herzprobleme (Begleittherapie)
- Kontaktschwierigkeiten zu Artgenossen
- Konzentrationsprobleme
- Mangelndes Selbstvertrauen
- Misstrauen
- Ruhelosigkeit
- Stressanfälligkeit
- Unentschlossenheit
- Unselbständigkeit
- Unterwürfigkeit
- Wechselnde Stimmungen
- Zerstörungswut

Foto: Makrodepecher / pixelio

6. Cherry Plum (Kirschpflaume)

Die Pferde stehen unter großem innerlichen Druck und neigen zu plötzlichen Temperamentsausbrüchen, wirken sprunghaft oder sogar zwanghaft in ihrem Verhalten. Unterdrückte Ängste, die sich in heftigen Ausbrüchen äußern, das Pferd „dreht durch", ist unberechenbar und kann in diesem Zustand auch gefährlich werden.

Die Pferde haben oft lange Qualen ausstehen müssen (zum Beispiel Schlachttransporte) oder wurden nicht artgerecht gehalten oder gar misshandelt. Auch für Stuten nach einer Totgeburt, für Pferde nach einem Unfall oder Schock sowie Fohlen nach zu früher Trennung. Die Lebenskraft scheint verringert und die Tiere sind innerlich angespannt, übernervös und verkrampft.

Cherry Plum verhilft zu Ruhe und Gelassenheit (Gelassenheitsblüte). Im positiven Cherry Plum-Zustand sind die Pferde ausgeglichener und die Temperamentsausbrüche halten sich in Grenzen.

Foto: 4028mdk09 / CC-BY-SA-3.0

Foto: Albrecht E. Arnold / pixelio

Symptome und Einsatz

- Ängste
- Aggressionen gegen Artgenossen
- Allergien (Begleittherapie)
- Anspannung
- Beißen, z.B. beim Putzen
- Buckeln
- Durchfall (Begleittherapie)
- Eingewöhnungsprobleme
- Betrifft Fohlen nach zu früher Trennung
- Gereiztheit
- Hauterkrankungen (Begleittherapie)
- Kolik (als Zusatztherapie – Tierarzt konsultieren!)
- Kontaktprobleme innerhalb der Herde
- Magen-Darm-Erkrankungen (Begleittherapie)
- Muskelverspannungen
- Nach Schock/Unfall
- Nervosität
- Plötzliche Temperamentsausbrüche
- Schreckhaftigkeit
- Steigen
- Übersteigerter Schutztrieb
- Unbeherrschtheit
- Unberechenbarkeit
- Innere Unruhe
- Zittern bei Anspannung und Aufregung

7. Chestnut Bud (Knospe der Roßkastanie)

Diese Pferde machen stets wieder die gleichen Fehler. Sie lernen scheinbar nicht aus ihren Erfahrungen, wirken ruhelos, ungeschickt, unaufmerksam und sind eher ungelehrig. Sie vergessen bestimmte, schon häufig geübte und bekannte Lektionen, scheuen stets vor dem gleichen Hindernis.

Bei jungen Pferden sollte Chestnut Bud nicht zum prophylaktischen Einsatz, sondern nur bei wiederholter Unaufmerksamkeit angewendet werden.

Häufig sind diese Pferde von periodisch auftretenden Krankheiten wie Muskelkrämpfen oder Atemwegserkrankungen (Pferdehusten) betroffen.

Durch die Unvorsichtigkeit und Leichtsinnigkeit dieser Pferde treten häufig Verletzungen auf. Auch bei Wetterkoliken und Geburtsproblemen ist Chestnut Bud einzusetzen.

Chestnut Bud gilt als Lernhelfer und verhilft zu Konzentration, verbessert die Selbstwahrnehmung (Lernblüte). Im positiven Chestnut-Bud-Zustand sind die Pferde konzentrierter und bemühen sich sichtlich, alles richtig zu machen. Chestnut Bud stärkt das Wahrnehmungsvermögen.

Symptome und Einsatz

- Ablenkbarkeit
- Allergien (Begleittherapie)
- Angst vor Neuem
- Chronische Krankheiten (z.B. Husten – Begleittherapie)
- Darmprobleme (Durchfall, Verstopfung – Begleittherapie)
- Geburtsschwierigkeiten
- Häufige Verletzungen
- Husten (Begleittherapie)
- Immunschwäche
- Konzentrationsstörungen
- Krampfanfälle (Begleittherapie)
- Langsame Auffassungsgabe
- Macht stets die gleichen Fehler
- Muskelzucken
- Lernblockade
- Ruhelosigkeit
- Unaufmerksamkeit
- Ungeduld
- Ungelehrigkeit
- Ungeschicklichkeit
- Unselbständigkeit
- Unvorsichtigkeit
- Vergesslichkeit

Foto: Nikanos / CC-BY-SA-2.5

Foto: Camelotrose / CC-BY-SA-3.0

8. Chicory (Wegwarte)

Die Pferde wollen ständig im Mittelpunkt stehen, erwarten volle Zuwendung und reagieren mit Protest, wenn sie diese nicht erhalten. Sie verhalten sich egoistisch, aufdringlich, fordernd und versuchen, ständig auf sich aufmerksam zu machen.

Gegenüber Herdenmitgliedern sind sie dominant und leicht reizbar. Bei Krankheit sind sie wehleidig und neigen zur Übertreibung.

Stuten bewachen ihre Fohlen überfürsorglich. Manche Pferde reagieren "beleidigt" auf längere Abwesenheit ihrer Bezugsperson. Generell bleiben diese Tiere nicht gerne alleine.

Chicory wird auch zur Entgiftung und bei Leberproblemen eingesetzt und häufig in Ergänzung mit Heather verabreicht.

Chicory hilft, selbstlose Liebe zu entwickeln (Mütterlichkeitsblüte). Im positiven Chicory-Zustand reduziert sich die Aufdringlichkeit auf ein erträgliches Maß. Durch Chicory wirken die Pferde ausgeglichener und nehmen sich zurück.

Symptome und Einsatz

- Abhängigkeit von Artgenossen oder Besitzer
- Abwehrschwäche
- Anhänglichkeit
- Aufdringlichkeit
- Beleidigt, wenn es nicht beachtet wird
- Chronische Krankheiten (Lunge, Magen-Darm – Begleittherapie)
- Dominanz
- Egoismus
- Entgiftung, Entschlackung (Begleittherapie)
- Forderndes Verhalten
- Gelenkbeschwerden (Begleittherapie)
- Fordert ständige Beachtung
- Herrschsüchtigkeit
- Hysterie
- Immunschwäche
- Launenhaftigkeit
- Leberprobleme (Begleittherapie)
- Misstrauen
- Nachtragend
- Nervosität
- Reizbarkeit
- Steifheit in den Bewegungen
- Übertriebene Fürsorge (Fohlen)
- Unverträglichkeit mit anderen Pferden
- Verlustängste
- Wehleidigkeit

Foto: AnRo0002 / CC0 1.0

9. Clematis (Weiße Waldrebe)

Für verträumt und teilnahmslos wirkende Pferde, die wenig Aufmerksamkeit für ihre Umwelt zeigen. Sie wirken wie abwesend, antriebsarm, desinteressiert und lassen sich kaum motivieren. Sie sind verträumt und schlafen außergewöhnlich viel.

Konzentrationsmangel, Langsamkeit und Ungeschicklichkeit zeigen sich in der täglichen Arbeit, was häufig zu Lernproblemen und Ausbildungsstillstand führt.

Diese Pferde zeigen nur einen gering ausgeprägten Selbsterhaltungstrieb und sind bei Krankheit oft völlig apathisch und ohne Genesungswillen. Zur Abwehrsteigerung und Entgiftung.

Clematis hilft, mit der Gegenwart zurechtzukommen (Realitätsblüte). Im positiven Clematis-Zustand reagieren die Pferde wieder auf Zuruf und wirken zunehmend interessierter an ihrer Umwelt. Clematis steigert die Aktivität und Lebensfreude.

Symptome und Einsatz

- Anfälligkeit für Krankheiten
- Antriebsschwäche
- Apathie
- Bewegungsunlust
- Desinteresse
- Entgiftung
- Geräuschempfindlichkeit
- Gleichgültigkeit
- Immunschwäche
- Interessenlosigkeit
- Konzentrationsmangel
- Kränklichkeit
- Lernschwierigkeiten
- Nach nicht artgerechter Haltung
- Nach Unfall
- Phlegmatisch
- Schlafbedürfnis zu starkes
- Schreckhaftigkeit
- Sensibilität
- Teilnahmslosigkeit
- Trägheit
- Traurigkeit
- Triebigkeit unter dem Sattel
- Ungeschicklichkeit
- Wirkt "abwesend"

10. Crab Apple (Holzapfel)

Die Pferde zeigen übertriebenes Reinlichkeitsverhalten, wirken oft unruhig und scheuern sich häufig wie unter Zwang.

Neigung zu Parasitenbefall, Pilz- und anderen Hauterkrankungen sowie immer wiederkehrende Infekte.

Foto: Günther Gumhold / pixelio

Foto: Sauronlp / Wikimedia Commons

Eine mögliche Erkrankung sollte tierärztlich abgeklärt werden! Das Fell ist häufig stumpf und glanzlos. Die Pferde sind sehr wählerisch und anspruchsvoll in Bezug auf Futtersorte und Trinkwasser.

Bewährt zur Vergiftungs-Nachbehandlung und zur Gabe nach Medikamenten wie Wurmkur und Antibiotika.

Crab Apple verhilft dazu, sich selbst zu akzeptieren – (Reinigungsblüte). Im positiven Crab Apple-Zustand treten die organischen Erkrankungen oder Allergieschübe seltener auf. Die Pferde werden ruhiger und lassen von ständigem Scheuern, Knabbern und Lecken ab.

Crab Apple hilft bei der Ausleitung von Gift- und Schlackenstoffen und steigert die Abwehrkräfte.

Symptome und Einsatz

- Allergien (Begleittherapie)
- Anfälligkeit für Krankheiten
- Angst vor Pfützen
- Appetitlosigkeit
- Atemwegsprobleme (Begleittherapie)
- Bindehautentzündung
- Chronische Entzündungen und Krankheiten (Begleittherapie)
- Chronischer Husten (Begleittherapie)
- Ekzeme
- Entschlackung, Entgiftung (Begleittherapie)
- Hauterkrankungen
- Immunschwäche
- Milbenbefall
- Nach Antibiotikatherapie
- Nach Vergiftungen aller Art (Begleittherapie – Tierarzt konsultieren!)
- Stumpfes, glanzloses Fell
- Unruhe
- Wählerisch, z.B. beim Trinkwasser
- Wiederkehrende Infektionen

11. Elm (Ulme)

Diese Pferde scheinen überfordert zu sein, sie wirken plötzlich erschöpft und niedergeschlagen. Normalerweise kraftvolle, zuverlässige und leistungsbereite Tiere scheinen den Anforderungen plötzlich nicht mehr gewachsen zu sein. Sie verhalten sich nervös und ermüden rasch.

Bei bekannten Lektionen zeigen sie sich übernervös, verweigern plötzlich einfache Hindernisse und sie erscheinen erschöpft und überfordert. Eine eventuelle tatsächliche Überforderung muss überprüft werden!

Einsatz auch zur Geburtsvorbereitung und vor großen Herausforderungen. Elm hilft, an die eigenen Kräfte zu glauben (Verantwortungs- und Kraftblüte). Im positiven Elm-Zustand sind die Pferde aufnahmefähig für zusätzliche Unterstützung ihrer Bezugsperson

– wenn diese dem Tier vermittelt, dass es nicht mehr leisten muss, als es tatsächlich zu leisten fähig ist. Elm hilft, zwischen aktiv und passiv zu unterscheiden.

Symptome und Einsatz

- Akute Krankheit (Begleittherapie)
- Apathie durch Stress
- Arthritis, Arthrose
- Besitzerwechsel
- Dauerstress, Überlastung
- Energielosigkeit
- Erschöpfung durch Überforderung
- Geburtsvorbereitung
- Gelenkprobleme
- Infektionskrankheiten
- Kolik (Begleittherapie – Tierarzt konsultieren!)
- Lustlosigkeit
- Konzentrationsschwäche
- Kraftlosigkeit
- Launenhaftigkeit
- Mangelnde Kondition
- Müdigkeit
- Nach schwerer Geburt
- Nervosität durch Stress und Überforderung
- Verringerte Leistungsfähigkeit
- Niedergeschlagenheit
- Plötzliche Erschöpfung
- Rasche Ermüdung
- Ruhelosigkeit
- Überfordert sich selbst
- Verunsicherung
- Vorbereitung auf Turniere

Foto: AnRo0002 / CC0 1.0

Foto: Fritz Zühlke / pixelio

Foto: Olbertz / CC-BY-SA-3.0

12. Gentian (Herbstenzian)

Für misstrauische, scheinbar negativ gestimmte Pferde, die sich leicht entmutigen lassen. Sie wirken übervorsichtig, zögern oder ziehen sich zurück.

Bei Berührungen oder Fütterversuchen weichen sie zurück, es fehlt Vertrauen zu Artgenossen und auch zu der Bezugsperson. Häufig zeigen sich diese Symptome nach Stall- oder Besitzerwechsel oder Verlust eines nahestehenden Stallkollegen.

Es mangelt an Ausdauer bei den meist sensiblen Pferden. Häufig übernehmen sie die Unsicherheit ihres Reiters.

Auch zum Einsatz bei langwierigen Erkrankungen. Gentian wird häufig in Kombination mit den Blüten Aspen, Larch und Mimulus verabreicht.

Gentian verhilft zu Mut und Optimismus (Glaubensblüte). Im positiven Gentian-Zustand legen die Pferde ihr Misstrauen gegen alles Unbekannte und Fremde weitgehend ab. Gentian steigert das Vertrauen und die Gelassenheit.

Foto: Petra Dirscherl / pixelio

Symptome und Einsatz

- Abwehrschwäche
- Angst vor Neuem
- Anpassungsprobleme
- Apathie
- Aufregung in neuen Situationen
- Ausdauermangel
- Autoimmunerkrankungen (Begleittherapie)
- Berührungsempfindlichkeit
- Besitzerwechsel
- Chronische Krankheiten und Entzündungen (Begleittherapie)
- Chronischer Husten (Begleittherapie)
- Einzelgänger
- Zu schnelles Aufgeben
- Fördert Genesung
- Labilität
- Mangelndes Durchhaltevermögen
- Mangelndes Selbstvertrauen
- Mangelndes Vertrauen
- Melancholie
- Misstrauen
- Mutlosigkeit
- Nach belastenden Vorfällen
- Nachtragend
- Nervosität
- Resignation
- Ruhelosigkeit
- Skepsis
- Silvesterangst
- Unsicherheit
- Zögerlichkeit

Foto: Dapfnie / CC-BY-SA-3.0

13. Gorse (Stechginster)

Für Pferde, die kraftlos, müde und resigniert wirken. Sie machen einen apathischen, freudlosen Eindruck, lassen sich nur sehr mühsam motivieren, oft als Folge einer langen Leidensgeschichte und nicht artgerechter Haltung.

Die Pferde beginnen mit Koppen oder Weben, zeigen einen müden Augenausdruck und Futterverweigerung. Gorse bewährt sich bei chronischen Erkrankungen in Kombination mit Gentian, Hornbeam, Olive und Wild Rose sowie zur Unterstützung der Wundheilung. Außerdem wird Gorse als Sterbehilfe in Verbindung mit Rescue eingesetzt.

Gorse hilft, die Hoffnung nicht aufzugeben und neuen Lebenswillen zu entwickeln (Hoffnungsblüte). Im positiven Gorse-Zustand sind die Pferde wieder motivierbar und finden zurück zur Normalität.

Symptome und Einsatz

- Antriebslosigkeit
- Apathie
- Appetitlosigkeit
- Augenausdruck: hoffnungslos, tieftraurig

- Bei langen Krankheiten
- Chronische Entzündungen und Krankheiten (Begleittherapie)
- Erschöpfung
- Futterverweigerung
- Nach Überstehen eines langen Leidenswegs
- Hoffnungslosigkeit
- Interesselosigkeit
- Kraftlosigkeit
- Lethargie
- Lustlosigkeit
- Müdigkeit
- Mutlosigkeit
- Nach Verlust/Trauer
- Nicht motivierbar
- Niedergeschlagenheit
- Resignation
- Selbstaufgabe
- Sterbehilfe
- Trauer
- Wiederkehrende Infektionen
- Wunden (Begleittherapie)

14. Heather (Schottisches Heidekraut)

Für überanhängliche und aufdringliche Pferde, die ständig im Mittelpunkt stehen wollen. Sie suchen ständig die Nähe anderer Tiere oder Menschen, versuchen sich durch Laute, Stoßen und andere Verhaltensweisen Aufmerksamkeit zu verschaffen. Alleingelassen zeigen die Tiere häufig Protestreaktionen und wirken beleidigt. Ein Lösen aus der Gruppe ist schwierig (Kleben) bis unmöglich. Der Einsatz von Heather ist auch vor extremen Veränderungen sinnvoll.

Heather hilft, unabhängig zu werden, eine eigene Identität zu finden (Identitäts- und Unabhängigkeitsblüte). Im positiven Heather-Zustand akzeptieren die Pferde, dass man sich nicht ständig um sie kümmern kann. Sie lernen, sich selbst zu beschäftigen, und werden zurückhaltender.

Foto: Dieter Schütz / pixelio

Foto: Rosa-Maria Rinkl / CC-BY-SA-4.0

Symptome und Einsatz

- Abhängigkeit vom Pferdehalter
- Altersbeschwerden
- Anhänglichkeit
- Appetitlosigkeit
- Aufdringlichkeit
- Beleidigt bei mangelnder Aufmerksamkeit
- Chronischer Husten (Begleittherapie)
- Eifersucht
- Eingewöhnungsprobleme
- Entwicklung von Unarten, um Beachtung zu erhalten
- Gelenkprobleme (Begleittherapie)
- Kleben
- Kontaktprobleme
- Launenhaftigkeit
- Lernunwilligkeit
- Magen-Darm-Erkrankungen (Begleittherapie)
- Nach Totgeburt
- Narbenheilung
- Ruhelosigkeit
- Selbstverstümmelung
- Überanhänglichkeit
- Unsicherheit
- Verlustängste
- Wehleidigkeit

Foto: Kompak / CC-BY-SA-3.0

15. Holly (Stechpalme)

Für eifersüchtige Pferde, die sich feindselig, wütend und aggressiv verhalten. Meist zeigen sich gegen ein bestimmtes Tier oder einen bestimmten Menschen gerichtete Wut und Aggressionen. Ausgelöst werden die Aggressionen häufig durch Eifersucht. Neue Herdenmitglieder werden abgelehnt und tyrannisiert. Attacken gegen den Reiter: Schlagen, beißen, buckeln. Häufig zeigen sich diese Symptome bei unausgelasteten und unzufriedenen Tieren. Auch Selbstverstümmelungen und schlecht heilende Wunden kommen häufig vor.

Holly hilft, mit negativen Gefühlen umzugehen und Eifersucht abzubauen (Herzöffnungsblüte). Im positiven Holly-Zustand reagieren die Pferde weniger eifersüchtig. Die Akzeptanz veränderten Situationen gegenüber steigt und die Pferde zeigen eine größere Freundlichkeit.

Symptome und Einsatz

- Ablehnendes Verhalten
- Aggressionen
- Aggressiver Schutztrieb
- Akute Krankheiten (Begleittherapie)
- Allergien (Begleittherapie)
- Altersbeschwerden
- Angriffslust
- Arthritis, Arthrose (Begleittherapie)
- Auflehnung
- Beißen
- Bösartigkeit
- Buckeln
- Dominanz
- Durchfall (Begleittherapie)
- Durchgehen
- Eifersucht
- Einzelgängertum
- Entzündungen (Begleittherapie)
- Erregbarkeit
- Feindseligkeit gegen Artgenossen oder Menschen
- Plötzliches Fieber (Begleittherapie)
- Grausamkeit
- Kolik (Begleittherapie)
- Misstrauen
- Parasitenbefall (Begleittherapie)
- Reizbarkeit
- Schmerzen (Begleittherapie)
- Steigen
- Streitsüchtigkeit
- Temperamentvolles Verhalten
- Tyrannisches Verhalten
- Ungeduldigkeit
- Unruhe
- Verweigern
- Schlecht heilende Wunden (Begleittherapie)

16. Honeysuckle (Geißblatt)

Für scheinbar teilnahmslose Pferde, häufig nach einem Besitzer- oder Stallwechsel. Sie schenken der neuen Umgebung keine Beachtung, verweigern die Nahrung und Leckerbissen, können einen Verlust vertrauter Menschen oder Artgenossen scheinbar nicht verkraften. Traurigkeit und Motivationslosigkeit führen zur Isolation und häufig auch zu Fressstörungen. Nach traumatischen Erlebnissen sollte die Gabe in Kombination mit Star of Betlehem und Walnut erfolgen. Für Stuten vor der Geburt und Stute und Fohlen nach der Geburt sowie beim Absetzen – um den Neubeginn zu erleichtern.

Honeysuckle hilft bei der Verarbeitung von Vergangenem und dabei, die Gegenwart zu erleben (Vergangenheitsblüte). Im positiven Honeysuckle-Zustand spielt die Vergangenheit keine so große Rolle mehr, und die Pferde beginnen, sich für die Gegenwart zu interessieren. Honeysuckle steigert die Lebensfreude.

Symptome und Einsatz

- Abwesenheit
- Anpassungsprobleme
- Antriebslosigkeit
- Apathie
- Besitzerwechsel

Foto: 4028mdk09 / CC-BY-SA-3.0

- Bewegungsarmut
- Eingewöhnungsprobleme
- Entgiftung / Entschlackung
- Fressstörungen – frisst zuviel als Ersatzbefriedigung
- Futterverweigerung aus Kummer
- Heimweh
- Infektionskrankheiten (Begleittherapie)
- Interesselosigkeit
- Konzentrationsschwäche
- Kreislaufprobleme (Begleittherapie)
- Mangelnde Lebensfreude
- Melancholie
- Motivationslosigkeit
- Nach Kastration
- Nachtragend
- Neuanfang – nach Stall- oder Besitzerwechsel
- Phlegmatisches Verhalten
- Resignation
- Stallwechsel
- Teilnahmslosigkeit
- Traurigkeit
- Trennung von Artgenosse oder Besitzer
- Unaufmerksamkeit
- Vergesslichkeit
- Verträumtheit
- Vitalitätsmangel
- Schlecht heilende Wunden (Begleittherapie)

Foto: Aiwok / CC-BY-SA-3.0

17. Hornbeam (Hainbuche)

Die Pferde wirken müde, kraftlos und konzentrationsarm, als wären sie zu schwach, um ihre Aufgaben zu bewältigen. Sie scheinen unmotiviert und erschöpft von der Routine des Alltags. Bei neuen Herausforderungen sind sie jedoch neugierig und eifrig. Bei körperlich normal entwickelten Fohlen fehlen scheinbar Kraft und Energie. Erwachsene Tiere wirken bei ersten Krankheitssymptomen erschöpft und erholen sich nur langsam. Häufige Neigung zu Bindegewebsschwäche, gerötete Augen.

Hornbeam wird zur Nachbehandlung von Krankheiten und bei geistiger Erschöpfung eingesetzt. Eine mögliche tatsächliche Überforderung sollte überprüft werden! Einsatz auch bei schwachen, alten und überlasteten Tieren.

Hornbeam bringt Schwung und Lebenskraft (Spannkraftblüte). Im positiven Hornbeam-Zustand sind die Pferde wieder motiviert und zeigen neue Lebensfreude.

Symptome und Einsatz

- Allergien (Begleittherapie)
- Altersbeschwerden
- Anspannung
- Apathie
- Arthritis, Arthrose (Begleittherapie)
- Bei Unterforderung, Langeweile
- Deckprobleme, Stute nimmt nicht auf
- Energielosigkeit
- Erschöpfung
- Folgen nicht artgerechter Haltung
- Immunschwäche
- Kraftlosigkeit
- Lethargie
- Lustlosigkeit
- Motivationslosigkeit
- Müdigkeit
- Nach langer Krankheit
- Nach schlechter Haltung
- Nach Überforderung
- Passivität
- Schwäche
- Sehnenschwäche (Begleittherapie)
- Unausgeglichenheit

Foto: AnRo0002 / CC0 1.0

18. Impatiens (Drüsentragendes Springkraut)

Diese Pferde wirken ungeduldig, hektisch, leicht reizbar und neigen zu überschäumenden Reaktionen. Sie stehen ständig unter Spannung, können nicht abwarten und drängen sich nach vorne. Nichts kann schnell genug gehen und Nervosität und Ungeduld schlagen leicht in Aggression um. Sportpferde drängen ungeduldig auf den Platz und tendieren aus Hektik und Konzentrationsschwäche zu Flüchtigkeitsfehlern. Aufgrund der inneren Spannung ermüden solche Pferde leicht und schwitzen stark. Erschöpfungszustände sind möglich. Hier müssen zunächst die Schilddrüsenfunktion sowie die Haltungsbedingungen überprüft werden.

Impatiens hilft, Stress und Ungeduld abzubauen und Gelassenheit zu entwickeln (Zeitblüte). Im positiven Impatiens-Zustand lernen die Pferde abzuwarten und werden deutlich ruhiger und gelassener.

Symptome und Einsatz

- Aggressionen aus Ungeduld
- Allergien (Begleittherapie)
- Anspannung
- Aufbrausendes Verhalten
- Beißen
- Eingewöhnungsschwierigkeiten
- Einzelgängertum
- Extreme Unruhe
- Fieber (Begleittherapie)
- Futtermittelallergie (Begleittherapie)
- Gereiztheit
- Hautprobleme (Begleittherapie)
- Hektik
- Herzprobleme (Begleittherapie)
- Hyperaktivität
- Impulsivität
- Intoleranz aus Ungeduld
- Kolik (Begleittherapie)
- Konzentrationsschwäche aus Ungeduld
- Launenhaftigkeit
- Magen-Darm-Beschwerden (Begleittherapie)
- Nervosität
- Reizbarkeit
- Rücksichtslosigkeit
- Ruhelosigkeit
- plötzliche Schmerzen (Begleittherapie)
- Schnelle Ermüdung durch eigene Überforderung / Unruhe
- Starker Bewegungsdrang
- Temperamentvolles Verhalten
- Unausgeglichenheit
- Ungeduld
- Ungestümes Verhalten
- Unkonzentriertheit
- Verspannungen
- Zähneknirschen

Foto: Schemmi / pixelio

19. Larch (Lärche)

Die Pferde haben wenig Selbstvertrauen, sind ihren Artgenossen in der Herde unterlegen. Werden die übervorsichtigen und unsicheren Tiere angegriffen, ziehen sie sich sofort zurück. Neuen Situationen treten sie nur sehr zögernd oder passiv entgegen. In der Herde sind sie rangniedrig und selbst bei der Fütterung begnügen sie sich mit den Resten. Sie sondern sich ab, laufen mit gesenktem Kopf und hängendem Schweif umher.

Die Gabe von Larch ist häufig in Kombination mit Centaury zu empfehlen. Zur Steigerung der Abwehrkräfte das erste Mittel der Wahl.

Larch steigert das Vertrauen in die eigenen Fähigkeiten und verhilft zu mehr Selbstbewusstsein (Selbstvertrauensblüte). Im positiven Larch-Zustand verlieren die Pferde ihre Skepsis neuen Dingen gegenüber, werden mutiger und sicherer.

Symptome und Einsatz

- Angst vor Neuem
- Anpassungsprobleme
- Antriebslosigkeit
- Apathie
- Ausdauermangel
- Empfindlichkeit
- Fresssucht als Ersatzhandlung
- Hautprobleme (Begleittherapie)
- Hilflosigkeit
- Kein Durchsetzungsvermögen gegenüber Artgenossen
- Kontaktschwierigkeiten
- Krankheitsanfälligkeit
- Labilität
- Mangelndes Selbstvertrauen
- Misstrauen
- Mutlosigkeit
- Nachgiebigkeit
- Reserviertheit
- Resignation
- Schüchternheit
- Schwäche
- Sensibilität
- Übervorsichtigkeit
- Unauffälliges Verhalten
- Ungeschicklichkeit
- Unsicherheit
- Unterwürfiges Verhalten
- Zögerlichkeit

Foto: Rüdiger Kratz / CC-BY-SA-3.0

Foto: Hedwig Storch / CC-BY-SA-3.0

20. Mimulus (Gefleckte Gauklerblume)

Für scheue, ängstliche Pferde, welche häufig überempfindlich reagieren oder Angst vor bestimmten Situationen zeigen. Sie sind zurückhaltend, nervös und ängstlich, scheinen sich vor bestimmten Artgenossen, Menschen oder bestimmten Dingen zu fürchten. Häufig erfolgen Überreaktionen auf Reize wie Geräusche, Bewegung, helles Licht oder Gewitter. Angst vor Schmied, Tierarzt, Hunden, vor dem Hänger, vor Wasser oder vor dem Alleinbleiben ist typisch. Veränderungen in der gewohnten Umgebung wirken noch lange Zeit danach angstauslösend. Die Pferde ziehen sich zurück oder suchen Schutz bei der Bezugsperson. Während der Genesung sind sie übervorsichtig, schonen sich noch längere Zeit und lahmen häufig noch, obwohl die Verletzung ausgeheilt ist. Einsatz auch nach Verletzungen und Operationen.

Mimulus hilft, Mut zu entwickeln und die eigenen Ängste zu verarbeiten (Tapferkeitsblüte). Im positiven Mimulus-Zustand fürchten sich die Pferde nicht mehr so sehr, wenn sie mit angsterregenden Situationen konfrontiert werden, und zeigen vermehrte Tapferkeit.

Symptome und Einsatz

- Allergien (Begleittherapie)
- Anfälligkeit für Krankheiten
- Angst vor bestimmten Dingen (Geräuschen, Tierarzt, Schmied, Verladen ...)
- Angst vor dem Alleinbleiben
- Angespanntheit
- Empfindlichkeit gegenüber Geräuschen, Licht
- Furchtsamkeit
- Gewitterangst
- Hautprobleme (Begleittherapie)
- Herzprobleme (Begleittherapie)
- Kontaktschwierigkeiten
- Konzentrationsmangel
- Lärmempfindlichkeit
- Misstrauen
- Nach Operationen (Begleittherapie)
- Nervosität
- Schmerzempfindlichkeit
- Schreckhaftigkeit
- Sensibilität
- Silvesterangst
- Unruhe
- Zurückhaltung

Foto: Mars 2002 / CC-BY-SA-3.0

21. Mustard (Wilder Senf)

Für Pferde, die ohne erkennbare Ursache plötzlich niedergeschlagen, lustlos und traurig wirken, apathisch vor sich hin starren und ihre Umgebung kaum wahrzunehmen scheinen – bis hin zur Futterverweigerung. Sie zeigen kein Interesse mehr an Dingen, die ihnen sonst Freude bereiteten, und erscheinen wie gelähmt. Ebenso schnell kann sich dieser Zustand wieder umkehren. Periodisch auftretende Niedergeschlagenheit tritt auf, oft besteht der Verdacht einer Vergiftung. Es sollte unbedingt nach der möglichen Ursache geforscht und eine eventuell tatsächliche Erkrankung tierärztlich abgeklärt werden!

Mustard hilft dabei, wieder Positives zu erkennen und zu erleben (Lichtblüte). Im positiven Mustard-Zustand zeigen die Pferde einen deutlich stabileren Gemütszustand und entwickeln neue Lebensfreude.

Symptome und Einsatz

- Anfälligkeit
- Antriebslosigkeit
- Apathie
- Appetitlosigkeit
- Besitzerwechsel
- Bewegungsunlust
- Fellbeißen
- Herzprobleme (Begleittherapie)
- Interessenlosigkeit
- Kontaktschwierigkeiten
- Labilität
- Launenhaftigkeit
- Lustlosigkeit
- Motivationslosigkeit
- Niedergeschlagenheit
- Passivität
- Reaktionsarmut
- Selbstzerstörerisches Verhalten
- Stimmungsschwankungen
- Trägheit
- Vitalitätsmangel

Foto: Willow / CC-BY-SA-2.5

22. Oak (Eiche)

Für pflichtbewusste, ausdauernde und überaus ehrgeizige Pferde, die dazu neigen, sich zu überarbeiten, und trotz Erschöpfung nicht aufgeben. Angestrengtes Bemühen und innere Anspannung sind deutlich sichtbar. Gefahr der Überforderung bis zur totalen Erschöpfung besteht – häufig bei Sport- und Arbeitspferden. Eine mögliche tatsächliche Überforderung sollte geklärt und vermieden werden! Oak ist eine wichtige Blüte für den Übergang zum Gnadenbrot-Dasein.

Oak verhilft zu der Fähigkeit, zu genießen und sich zu entspannen (Ausdauerblüte). Im positiven Oak-Zustand zeigen die Pferde eine angemessene Ausdauer. Sie reagieren auf übermäßige Strapazen mit normaler Erschöpfung, so dass sie sich ihre eigenen Kräfte besser einteilen können.

Symptome und Einsatz

- Altersbeschwerden
- Anspannung
- Arthritis, Arthrose (Begleittherapie)
- Bewegungsunlust aufgrund von Verspannungen
- Chronische Krankheiten (Begleittherapie)
- Eigensinnigkeit
- Ehrgeizigkeit
- Erschöpfungszustand, arbeitet trotzdem weiter mit
- Gnadenbrotpferd
- Husten (Begleittherapie)
- Hyperaktivität
- Körperliche Überanstrengungen
- Kraftlosigkeit
- Langeweile
- Launenhaftigkeit im Alter
- Muskelschwund (Begleittherapie)
- Muskelverspannungen
- Nach Überforderung
- Nervosität
- Resignation
- Starker Bewegungsdrang
- Temperamentvolles Verhalten
- Überforderung
- Zusammenbruch durch Überanstrengung

Foto: Gandalf / Wikimedia Commons

23. Olive (Olive)

Diese Pferde wirken völlig erschöpft und energielos, sind so müde und kraftlos, dass sie zu keinerlei Aktion zu bewegen sind. Sie scheinen sich völlig verausgabt zu haben oder wurden überfordert. Oft zeigt sich ein stark erhöhtes Schlafbedürfnis und Appetitmangel. Vorausgegangen ist häufig eine länger andauernde Überforderung oder eine lange Krankheit. Häufig auch bei alten Tieren angebracht. Ideal als Rekonvaleszenz-Mittel während einer Krankheit als Begleittherapie zur Stärkung des Allgemeinbefindens.

Olive verhilft zu neuer Energie im Körper (Regenerationsblüte). Im positiven Olive-Zustand beginnen die Pferde, Interesse zu zeigen, sind wieder motivierbar und entwickeln neue Vitalität.

Symptome und Einsatz

- Abwehrschwäche
- Antriebslosigkeit
- Apathie
- Appetitmangel
- Atemwegserkrankungen (Begleittherapie)
- Bewegungsunlust
- Chronische Krankheiten (Begleittherapie)
- Deckprobleme
- Energiemangel
- Erschöpfung
- Fieber bei Schwäche (Begleittherapie)
- Geburt, zur Unterstützung
- Immunschwäche
- Kraftlosigkeit
- Nach Antibiotikatherapie
- Nach langer Krankheit
- Resignation
- Schwäche
- Völlige Verausgabung
- Vor und nach Operationen (Begleittherapie)

24. Pine (Schottische Kiefer)

Für bedrückt und mutlos wirkende Pferde, die besonders empfindlich auf Tadel reagieren. Auffällig ist der hilflose Augenausdruck sowie eine ängstliche und geduckte Körperhaltung, bis

Foto: Andizo / CC-BY-SA-3.0

Foto: Aorg1961 / CC-BY-SA-3.0

hin zur sichtlichen Unterwürfigkeit. Diese Pferde scheinen ständig eine Strafe zu erwarten und ein schlechtes Gewissen zu haben und zucken häufig zusammen. Sie reagieren äußerst sensibel auf Bestrafungen und möchten sich am liebsten verkriechen. Durch das mutlose und unterwürfige Verhalten sind die Pferde ihren Artgenossen stets unterlegen. Einsatz von Pine erfolgt auch nach schlechten Erfahrungen mit Artgenossen oder Vorbesitzer.

Pine hilft, unabhängiger zu werden, Schuldbewusstsein und Mutlosigkeit abzubauen (Selbstakzeptanz- und Unabhängigkeitsblüte). Im positiven Pine-Zustand gewinnen die Pferde an Selbstvertrauen, ohne allerdings ihre vorsichtige Haltung ganz zu verlieren.

Symptome und Einsatz

- Allergien
- Ängste
- Angespanntheit
- Arthritis, Arthrose (Begleittherapie)
- Empfindlichkeit
- Erschöpfungszustände
- Feigheit
- Geduckte Haltung
- Hilflosigkeit
- Mangelndes Selbstvertrauen
- Mutlosigkeit
- Nach negativen Erfahrungen mit Vorbesitzer / Artgenossen
- Scheinbar 'schlechtes Gewissen'
- Scheue
- Schreckhaftigkeit
- Schüchternheit
- Selbstverstümmelung
- Unsicherheit
- Unterwürfigkeit
- Vorsichtigkeit

Foto: Famartin / CC-BY-SA-3.0

25. Red Chestnut (Rote Kastanie)

Für Pferde, die ein übertriebenes Beschützerverhalten zeigen. Bei Abwesenheit der Bezugsperson oder einem eng verbundenen Herdenkameraden befällt sie Unruhe und Aufregung, sie verweigern sogar häufig das Futter und erscheinen völlig ziellos. Die Tiere lassen niemanden an die Bezugsperson, Stallgefährten oder ihr Fohlen heran und greifen sogar an. Hengste oder spät gelegte Wallache verteidigen ihre Stuten gegen alles und jeden. Bei übertriebener Mutterliebe oder Scheinschwangerschaft ist Red Chestnut die wichtigste Blüte. Nicht zu verwechseln mit Eifersucht (Holly). Wichtige Blüte bei Besitzer- oder Stallwechsel.

Red Chestnut verhilft zu mehr Gelassenheit und Ruhe in der Sorge um andere (Abnabelungs- und Gelassenheitsblüte). Im positiven Red Chestnut-Zustand sehen die Pferde nicht in jedem Fremden eine Gefahr und entwickeln Vertrauen.

Symptome und Einsatz

- Abhängigkeit von Besitzer oder Artgenossen
- Aggression
- Angst vor Alleinsein
- Anhänglichkeit
- Beißen
- Empfindlichkeit
- Erschöpfung
- Fressstörungen – zu gierig
- Futterverweigerung bei Trennung von Bezugsperson
- Herzprobleme (Begleittherapie)
- Nervosität
- Ruhelosigkeit
- Scheinträchtigkeit
- Übereifrige Herdenanführer
- Überfürsorglichkeit (Fohlen)
- Unruhe

Foto: pixabay / CC0 1.0

Foto: Hedwig Storch / CC-BY-SA-3.0

26. Rock Rose (Gelbes Sonnenröschen)

Für Pferde, die leicht in Panik geraten oder von schweren Angstphobien geplagt werden. Sie scheinen wie von Sinnen, nehmen die Umwelt kaum noch wahr, sind vor Angst wie gelähmt, zittern oder stürmen in wilder Panik davon.

Bei schweren akuten Angstzuständen (zum Beispiel bei Gewitter oder an Silvester) sowie in lebensbedrohlichen Situationen hilft Rock Rose. Unter dem Sattel sind diese Pferde oft unberechenbar, neigen zum Durchgehen, Steigen, Buckeln oder Schlagen, sobald die Angst sie überfällt. Häufig leiden sie unter nervösem Durchfall und durch ihre Hektik an häufigen Verletzungen. Nach einem Unfall, Kolik, Geburt, Misshandlung oder vor einer Operation kann Rock Rose ebenso eingesetzt werden wie nach einem Hitzschlag, Sonnenstich, bei Bewusstlosigkeit und allergischem Schock.

Rock Rose hilft in Paniksituationen, Ruhe zu bewahren und Mut zu fassen (Eskalationsblüte). Im positiven Rock Rose-Zustand lernen die Pferde, mit eventuell wiederkehrenden, ähnlich belastenden Situationen besser umzugehen und entwickeln Lebensmut.

Symptome und Einsatz

- Aggressivität aus Angst
- Akute Angst und Panik
- Allergischer Schock (Begleittherapie)
- Angst vor dem Festhalten
- Bei Blutungen (Begleittherapie – Tierarzt verständigen!)
- Beißen aus Angst
- Bewusstseinsstörungen (Begleittherapie)
- Spontaner Durchfall (Begleittherapie)
- Durchgehen aus Panik
- Extreme Angst
- Fluchtreaktionen
- Gewitterangst
- Hitzschlag (Begleittherapie)
- Hysterie
- Lähmung durch Panik
- Nach Insektenstich
- Nach Unfall, Schock
- Panikzustände
- Schussangst
- Sonnenstich (Begleittherapie)
- Silvesterangst
- Starrheit durch Panik
- Unterkühlung (Begleittherapie)
- Zittern

Foto: pixabay / CC0 1.0

27. Rock Water (Wasser aus heilkräftigen Quellen)

Für disziplinierte und starr wirkende Pferde, die ihre natürlichen Bedürfnisse unterdrücken. Sie scheinen ständig in Hochform und regelrecht verbissen in ihrem Handeln. Typisch ist ihre angespannte Körperhaltung sowie steife und ungelenke Bewegungen. Die Pferde zeigen ausgeprägte Gewohnheiten und reagieren unflexibel auf Veränderungen. Diese innere Starrheit führt zu Stresserscheinungen mit oft glanzlosem Fell.

Stuten zeigen nur eine schwache Rosse, lassen sich schwer decken und werden nur schwer trächtig. Rock Water ist bewährt bei Verstopfung, Gelenksteife, Arthrose, Arthritis und Krampfneigung.

Rock Water verhilft zu Lebensfreude und zu Offenheit gegenüber der Umwelt (Flexibilitätsblüte). Im positiven Rock Water-Zustand entspannen sich die Pferde, sie werden offener ihrer Umwelt gegenüber und scheinen nicht mehr nur auf sich fixiert zu sein. Rock Water verhilft zu neuer Flexibilität und Leichtigkeit.

Symptome und Einsatz

- Allergien (Begleittherapie)
- Anspannung
- Arthritis, Arthrose (Begleittherapie)
- Berührungsempfindlichkeit
- Deckprobleme, Stute nimmt nicht auf
- Einzelgängertum
- Fressstörungen
- Heimweh
- Husten (Begleittherapie)
- Intoleranz gegen sich selbst
- Kontaktprobleme mit Artgenossen
- Krämpfe (Begleittherapie)
- Magen-Darm-Krankheiten (Begleittherapie)
- Muskelverspannungen
- Nervosität
- Spannungen
- Starrheit
- Steifheit
- Starrsinn
- Unkonzentriertheit
- Unnachgiebigkeit
- Unruhe
- Verbissenheit
- Verstopfung (Begleittherapie)
- Verspannungen

28. Scleranthus (Einjähriger Knäuel)

Für unausgeglichen und hektisch wirkende Pferde, deren Verhalten und Stimmung ständig wechselt. Sie zeigen wenig Ausdauer, lassen sich leicht ablenken und können sich nur schwer konzentrieren. Diese Pferde gelten daher meist als unzuverlässig und launenhaft.

Wechselnder Appetit, Gleichgewichtsstörungen, schwankende Körpertemperatur und ein häufiger Wechsel zwischen Verstopfung und Durchfall sind typische Symptome. Auch bei Wetterfühligkeit, Hautproblemen Reiseübelkeit und zuchtbedingter Unausgeglichenheit ist Scleranthus eine wichtige Blüte.

Scleranthus verhilft zu mehr Ausgeglichenheit nach Veränderungen im Umfeld und innerer Harmonie (Balanceblüte). Im positiven Scleranthus-Zustand wirken die Pferde ausgeglichener, weniger sprunghaft und entwickeln Entschlussfreudigkeit und Anpassungsfähigkeit.

Foto: Fornax / Wikimedia Commons

Foto: Martin Schemm / pixelio

Symptome und Einsatz

- Ablenkbarkeit
- Allergien (Begleittherapie)
- Appetitmangel
- Atemwegskrankheiten (Begleittherapie)
- Ausdauermangel
- Durchfall im Wechsel mit Verstopfung
- Fressstörungen, wechselhafter Appetit
- Gleichgewichtsstörungen
- Hauterkrankungen (Begleittherapie)
- Hektik
- Hyperaktivität
- Koliken bei Wetterwechsel
- Konzentrationsprobleme
- Kreislaufprobleme (Begleittherapie)
- Labilität
- Launenhaftigkeit
- Nervosität
- Reizbarkeit
- Stimmungsschwankungen
- Unaufmerksamkeit
- Unausgeglichenheit
- Unbeständigkeit
- Unentschlossenheit
- Unruhe
- Unsicherheit
- Wetterfühligkeit
- Wunden heilen schlecht (Begleittherapie)

Foto: H. Zell / CC-BY-SA-3.0

29. Star of Betlehem (Doldiger Milchstern)

Für Pferde, die eine körperliche oder seelische Erschütterung noch nicht verkraftet haben, bedrückt und traurig wirken (nach Unfall, Stall- oder Besitzerwechsel). Die Tiere wirken wie betäubt und apathisch. Manchmal zeigen sich Seh- und Hörstörungen. Das traumatische Erlebnis kann weit – auch bis zur Geburt – zurückliegen, wurde jedoch seelisch nicht verarbeitet und beeinflusst daher noch immer das Verhalten der Pferde.

Star of Betlehem gilt als Seelentröster für Pferde, die sich verlassen und ungeliebt fühlen. Nach einer Geburt, Totgeburt, Trennung von nahestehenden Tieren oder Menschen. Star of Betlehem gehört fast immer in die Erstmischung für Pferde!

Star of Betlehem löst Blockaden durch seelischen oder körperlichen Schock auf (Trostblüte). Im positiven Star of Bethlehem-Zustand können die Pferde besser mit Situationen umgehen, die sie an ein unangenehmes Erlebnis erinnern, und somit den früher erlebten Schock überwinden.

Symptome und Einsatz

- Aggression aus Misstrauen
- Allergien (Begleittherapie)
- Angst vor bestimmten Dingen und Situationen
- Angst durch Schock oder Trauma
- Antriebslosigkeit
- Apathie
- Appetitmangel aus Trauer
- Atemwegskrankheiten (Begleittherapie)
- Besitzerwechsel
- Chronische Krankheiten (Begleittherapie)
- Durchfall (Begleittherapie)
- Erste Hilfe nach Unfall, Schock
- Extreme Ängste
- Futterverweigerung
- Geburtsschock für Fohlen und Stute
- Heimweh
- Hoffnungslosigkeit
- Hysterie durch Schock
- Kontaktschwierigkeiten
- Kummer
- Misstrauen
- Motivationslosigkeit
- Muskelverspannungen
- Nach Trennung, Verlust
- Nervosität
- Resignation
- Scheuheit
- Schock
- Selbstaufgabe
- Traurigkeit
- Trennungsschmerz
- Verarbeitung von Schock, Trauma
- Verlustverarbeitung

30. Sweet Chestnut (Edelkastanie)

Die Pferde befinden sich in einem Zustand innerer Ausweglosigkeit und extremer Belastung. Sie machen einen erschöpften und verlorenen Eindruck – häufig als Reaktion auf eine belastende Situation. Es besteht kein Interesse mehr an der gewohnten Umgebung, die Pferde isolieren sich, zeigen nur noch geringen Appetit und haben scheinbar keinerlei Energie mehr. Der glanzlose Blick drückt die innere Ausweglosigkeit aus.

Oftmals findet man diese Symptome bei stark einengenden Haltungsumständen oder nach langen, schweren Krankheiten. Die Haltungsbedingungen sollten überprüft und die Anforderungen deutlich verringert werden.

Sweet Chestnut hilft aus Depressionen, innerer Ausweglosigkeit und Verzweiflung heraus (Erlösungsblüte). Im positiven Sweet Chestnut-Zustand sind die Pferde wieder motivierbar, lassen sich vom Menschen aus ihrer Ausweglosigkeit helfen und sind bereit, sich aus ihrer Niedergeschlagenheit und „schwarzen Wolke“ zu lösen. Sweet Chestnut verhilft zu mehr Lebenskraft.

Foto: Frank Vincentz / CC-BY-SA-3.0

Foto: M. Großmann / pixelio

Symptome und Einsatz

- Angst
- Antriebslosigkeit
- Apathie
- Appetitmangel
- Ausweglosigkeit
- Besitzerwechsel
- Chronische Krankheiten (Begleittherapie)
- Erschöpfung
- Futterverweigerung
- Hoffnungslosigkeit
- Innere Unruhe
- Interesselosigkeit
- Isolation
- Körperlicher Zusammenbruch
- Kraftlosigkeit
- Nach langer Krankheit
- Nach nicht artgerechter Haltung
- Niedergeschlagenheit
- Passivität
- Resignation
- Teilnahmslosigkeit
- Trauer
- Verstörtheit

Foto: Frank Käfer / CC-BY-SA-3.0

31. Vervain (Eisenkraut)

Für überaktive, begeisterungsfähige Pferde, die mit ihren Kräften Raubbau betreiben und scheinbar nicht müde werden. Sie strahlen eine hohe Energie und ein zielgerichtetes Verhalten aus – bis hin zur völligen Erschöpfung durch die eigene Überforderung.

Der willensstarke Anführer einer Herde, der aggressiv reagiert, wenn er die anderen nicht motivieren kann, ist ein gutes Beispiel. Neigung zur Hyperaktivität und Übertreibung. Das Tier überfordert sich selbst. Vervain ist eine bewährte Blüte bei Sportpferden. Manche Pferde entwickeln Unarten oder Ticks. Der Stoffwechsel und die Schilddrüse sollten überprüft werden. Vervain wird auch bei Muskelverspannungen, bei der Geburtsvorbereitung und bei Krampfkoliken eingesetzt.

Vervain hilft den Pferden, auch einmal zu entspannen, und wirkt gegen den Übereifer (Begeisterungsblüte). Im positiven Vervain-Zustand kehrt sichtlich Ruhe in den hektischen Organismus der Pferde ein.

Foto: Jpereira / CC-BY-SA-3.0

Symptome und Einsatz

- Aggressivität
- Anpassungsprobleme
- Anspannung
- Aufdringlichkeit
- übersteigerte Begeisterungsfähigkeit
- Beißen
- Buckeln
- Dickköpfigkeit
- Dominanz
- Einzelgängertum
- Empfindlichkeit gegen Tadel
- Energiegeladenheit
- Entspannungsmangel
- Erregbarkeit
- Extreme Ausdauer
- Gereiztheit
- Hyperaktivität
- Impulsivität
- Intoleranz
- Kolik (Begleittherapie)
- Muskelverspannungen (Begleittherapie)
- Nervosität
- Ruhelosigkeit
- Starkes Durchhaltevermögen
- Steigen
- Stürmisches Verhalten
- Temperamentvolles Verhalten
- Verspannungen (Begleittherapie)
- Verträgt keinen Widerspruch – Leittier

Foto: Javier Martin / Wikimedia Commons

32. Vine (Weinrebe)

Für überehrgeizige, dominante Pferde, die Artgenossen oder auch Menschen tyrannisieren. Die Körpersprache drückt Überlegenheit und Stolz sowie eine starke innere Spannung aus.

Die Tiere sind herrschsüchtig gegenüber Artgenossen und Menschen und wollen in der Herde unbedingt die Stellung des Leittieres übernehmen. Sie lassen sich schwer ausbilden, sind eigensinnig, verweigern den Gehorsam und wirken oft aufdringlich. In der Herde sind sie Einzelgänger.

Häufig gibt man Vine in Kombination mit Heather und Holly. Auch bei Zwangsneurosen wie Koppen und Weben. Einsatz auch während schwerer chronischer Krankheiten als Begleittherapie.

Vine verringert den Ehrgeiz und die Dominanz, steigert die Akzeptanz und Unterordnungsbereitschaft (Autoritätsblüte). Im positiven Vine-Zustand lässt das Dominanzverhalten der Pferde nach und die Akzeptanz anderen Pferden gegenüber steigt.

Symptome und Einsatz

- Aggressionen
- Alphatier in der Herde
- Angespanntheit
- Aufdringlichkeit
- Beißen
- Buckeln
- Dominanz über andere
- Eifersüchtigkeit
- Einzelgängertum
- Feindseligkeit
- Forderndes Verhalten
- Gehorsamsverweigerung
- Herrschsüchtigkeit
- Intoleranz
- Kontaktprobleme
- Lernschwierigkeiten, Auflehnung
- Machtkämpfe mit Reiter und Herdenmitgliedern
- Muskelverspannungen (Begleittherapie)
- Rangkämpfe
- Reizbarkeit
- Rücksichtslosigkeit
- erhöhtes Selbstbewusstsein
- Streitsüchtigkeit
- Tyrannisches Verhalten

Foto: Usien / CC-BY-SA-3.0

33. Walnut (Walnuß)

Die Pferde sind verunsichert, desorientiert und durch eine Veränderung in ihrer Umgebung irritiert, reagieren labil auf wechselnde Umstände – oft mit Untugenden oder Krankheiten. Dies ist ein typischer Zustand nach einem Stallwechsel, Besitzerwechsel, Jahreszeiten- und Fellwechsel. Häufig auch zu Beginn der Trächtigkeit, nach einer Geburt oder Kastration.

Walnut ist auch empfehlenswert für Fohlen nach der Geburt und als Sterbehilfe (erleichtert den Übergang). Es ist die Blüte für den Neuanfang. Häufig erfolgt eine Kombination mit Honeysuckle. Walnut ist eine sehr wichtige Blüte für alternde Pferde mit sinkendem Leistungsvermögen und um den Übergang zum Gnadenbrotdasein zu erleichtern.

Walnut hilft, Neues zuzulassen und zu akzeptieren (Geburtsblüte). Im positiven Walnut-Zustand lernen die Pferde, mit Veränderungen in ihrem Leben besser umzugehen und reagieren deutlich gelassener. Walnut verhilft zu Sicherheit in neuen Situationen.

Foto: Günter König / Wikimedia Commons

Symptome und Einsatz

- Absetzen des Fohlens für Stute und Fohlen
- Änderungen der Lebensumstände
- Allergien (Begleittherapie)
- Angst vor Neuem
- Angst bei Stress
- Anpassungsprobleme
- Appetitlosigkeit
- Besitzerwechsel
- Eingewöhnungsprobleme
- Erleichterung bei Neuanfang (Geburt, Stallwechsel) oder Übergang (Sterbehilfe)
- Futterverweigerung
- Geburt für Stute und Fohlen
- Heimweh
- Krankheitsanfälligkeit
- Labilität
- Mangelnde Ausdauer und Leistungsfähigkeit
- Sterbehilfe
- Stressanfälligkeit
- Trächtigkeit
- Überempfindlichkeit
- Übergang in neuen Lebensabschnitt
- Unsicherheit
- Wehleidigkeit

Foto: Marco Schmidt / CC-BY-SA-2.5

34. Water Violet (Sumpfwasserfeder)

Für zurückhaltende, intelligente und stolz wirkende Pferde, die sich von anderen Pferden oder auch vom Menschen isolieren. Typische Einzelgänger, die sich auch bei Krankheit sofort in sich zurückziehen. Berührungen durch Tier oder Mensch dulden sie nur widerwillig, die Körperhaltung drückt eine deutliche Unnahbarkeit und Distanziertheit aus.

Diese Pferde sind Einzelgänger, da sie sich nicht anpassen können. Sie geraten nicht mit Artgenossen in Konflikte, da sie jeder Annäherung aus dem Wege gehen. Häufig hilft Water Violet auch bei vernachlässigten und einsamen Pferden. Oft zeigen sich Verspannungen der Hals- und Rückenmuskulatur.

Water Violet verhilft zur Kommunikationsfähigkeit und dabei, Nähe zuzulassen (Kommunikationsblüte). Im positiven Water Violet-Zustand werden die Pferde umgänglicher und suchen den Kontakt zu ihren Artgenossen.

Symptome und Einsatz

- Aggressivität
- Allergien (Begleittherapie)
- Anpassungsprobleme
- Arroganz
- Arthritis, Arthrose (Begleittherapie)
- Berührungsempfindlichkeit
- Distanziertheit
- Eigensinnigkeit
- Einzelgängertum
- Interesselosigkeit
- Isolation
- Kontaktprobleme
- starkes Selbstvertrauen
- Stolz
- Unnahbarkeit
- Verschlossenheit
- Verspannungen
- Zurückgezogenheit

Foto: Roger Griffith / Wikimedia Commons

35. White Chestnut (Rosskastanie oder weiße Kastanie)

Die Pferde wirken unruhig und unausgeglichen und scheinen unter großer Spannung zu stehen. Sie können sich nur schwer auf eine Aufgabe konzentrieren, sind unaufmerksam, dabei angespannt und abwesend. Sie reagieren auf Ermahnung oder Strafe schnell nachtragend.

Es ist diesen Pferden nicht möglich, sich zu entspannen, häufig entwickeln sie auch Stereotypien oder zeigen ein selbstzerstörerisches Verhalten. Als Symptom kann auch Zähneknirschen, Weben oder Koppen auftreten. Eine Kombination erfolgt häufig mit der Blüte Vine. Die Haltungsbedingungen müssen geprüft werden!

White Chestnut hilft gegen Unruhe und Anspannung, fördert die Konzentrationsbereitschaft und innere Stille (Gedankenblüte). Im positiven White Chestnut-Zustand machen die Pferde einen ausgeglichenen Eindruck. White Chestnut steigert die innere Ruhe und Klarheit.

Symptome und Einsatz

- Ablenkbarkeit
- Anspannung
- Antriebsarmut
- Autoaggressionen
- Erschöpfung
- Geistesabwesenheit
- Konzentrationsmangel
- Lärmempfindlichkeit
- Lernschwierigkeiten
- Müdigkeit
- Nachtragend
- Nervosität
- Periodische Erkrankungen (Begleittherapie)
- schwaches Selbstvertrauen Silvesterangst
- Sturheit
- Unausgeglichenheit
- Unfallneigung
- Unruhe
- Verkrampfungen
- Verweigern
- Wetterfühligkeit
- Zähneknirschen

Foto: Matt Lavin / CC-BY-SA-2.0

36. Wild Oat (Waldtrespe)

Für gelangweilte und unzufriedene Pferde, denen es an Ausdauer mangelt. Häufig sind es intelligente und lernfähige Tiere, die jedoch sehr schnell das Interesse verlieren. Neue Reize sind interessant, bald folgt Langeweile und Unzufriedenheit. Diese Tiere sind kurzfristig oft sehr neugierig. Bei Artgenossen finden sie kaum Anschluss, da sie sich ihnen gegenüber äußerst desinteressiert zeigen.

Im Training arbeiten sie zunächst begeistert mit, dann siegt jedoch rasch die Unkonzentriertheit und Gleichgültigkeit. Häufig treten auch Ersatzhandlungen wie Zerstörungswut oder Autoaggressionen auf. Die möglichen Ursachen müssen herausgefunden werden!

Wild Oat wird auch eingesetzt, wenn der Eindruck entsteht, es wären sehr viele Blüten nötig oder alle bisherigen Mischungen schlagen nicht an (dann erfolgt Wild Oat als Einzelgabe)

Wild Oat verhilft zu mehr Ausdauer und Zufriedenheit und klärt unklare Mittelwahl (Berufungsblüte). Im positiven Wild-Oat-Zustand zeigen die Pferde eine deutlich gesteigerte Ausdauer und verlieren nicht so schnell das Interesse an einer Sache. Wild Oat verhilft zu einem zielgerichtetem Verhalten.

Symptome und Einsatz

- Aggressionen
- Appetitmangel
- Augenerkrankungen (Begleittherapie)
- Ausdauermangel
- Begeisterungsfähigkeit
- Eingewöhnungsprobleme
- erhöhte Einsatzbereitschaft
- Einzelgängertum
- Impulsivität
- Konzentrationsmangel
- Koppen
- Kraftlosigkeit bei Krankheit
- Langeweile
- Lernwilligkeit
- Muskelverspannungen (Begleittherapie)
- neugeborenen Fohlen
- Nervosität
- selbstzerstörerisches Verhalten
- Übereifrigkeit
- Unbeständigkeit
- Unentschlossenheit
- Unterforderung
- Unzufriedenheit
- Verletzungen (Begleittherapie)
- Weben
- wenn keine Mischung wirkt Gabe als Einzelblüte
- Wunden heilen schlecht (Begleittherapie)

Foto: 4028mdk9 / CC-BY-SA-3.0

37. Wild Rose (Heckenrose)

Teilnahmslos und apathisch wirkende Pferde ohne erkennbares Interesse am Leben. Die Tiere bewegen sich freiwillig kaum, blicken leer und stumpf, wirken energielos, apathisch und ihre ganze Haltung drückt Resignation und Selbstaufgabe aus. Keinerlei Motivation scheint mehr möglich zu sein und der Blick ist leer und stumpf. Die kleinste Anstrengung führt zur totalen Erschöpfung.

Die Ursache liegt häufig in einer Erkrankung oder stark eingeengten Haltungsbedingungen. Mit dieser Blüte kann geprüft werden, ob noch ein

Foto: Regina Kaute / pixelio

Lebenswille besteht. Eine Prüfung der Haltungsbedingungen ist unbedingt notwendig! Einsatz erfolgt auch bei chronischen Krankheiten als Begleittherapie.

Wild Rose verhilft zu Lebensfreude und Motivation (Lebenslustblüte). Im positiven Wild-Rose-Zustand fangen die Pferde wieder an zu leben. Sie interessieren sich wieder für das Alltägliche und lassen sich motivieren, am Leben aktiv teilzunehmen. Wild Rose fördert die Lebens- und Abenteuerlust.

Symptome und Einsatz

- Abwehrschwäche
- Antriebslosigkeit
- Apathie
- Appetitmangel
- Bewegungsunlust
- Chronische Krankheiten (Begleittherapie)
- Desinteresse
- Energielosigkeit
- Erschöpfung
- Futterverweigerung
- Gleichgültigkeit
- Hoffnungslosigkeit
- Krankheitsanfälligkeit
- Lustlosigkeit
- Mattigkeit
- Motivationslosigkeit
- Müdigkeit
- Nach Totgeburt
- Negativerfahrung wird nicht verarbeitet
- Schwäche
- Sterbehilfe
- stumpfer Blick
- Teilnahmslosigkeit
- Test auf noch vorhandenen Lebenswillen
- Verletzungen (Begleittherapie)
- Verspannungen (Begleittherapie)
- Willensschwäche

Foto: Willow / CC-BY-SA-2.5

38. Willow (Gelbe Weide)

Die Pferde wirken schlecht gelaunt, scheinen ständig zu grollen und scharren vor sich hin. Häufig zeigt sich dies bei misshandelten Pferden oder auch als Reaktion auf Vernachlässigung durch den Tierhalter.

Diese Tiere reagieren schnell beleidigt oder fühlen sich angegriffen. Sie scheinen ständig misstrauisch, boshaft und rebellieren gegen alles und jeden. Im Herdenverband sind diese Tiere aggressiv und feindselig. Die Haltungsbedingungen müssen meist verändert werden.

Willow wird häufig in Verbindung mit den Blüten Gentian, Holly und Vine verabreicht.

Willow hilft dabei, innere Ruhe und Frieden zu erlangen (Schicksalsblüte). Im positiven Willow-Zustand lernen die Pferde, mit ihrer Lage besser umzugehen. Willow verhilft zu einem friedlichen und freundlichen Umgang mit Artgenossen und Menschen.

Foto: Erich Westendarp / pixelio

Symptome und Einsatz

- Aggressionen
- Altersprobleme
- schnelles Aufbrausen
- Aufsässigkeit
- Beißen
- Bösartigkeit
- Eingewöhnungsprobleme
- Empfindlichkeit
- Futterverweigerung
- Groll
- Hautkrankheiten (Begleittherapie)
- Innere Unruhe
- Intoleranz
- Kontaktprobleme
- Launenhaftigkeit
- Missmut
- Motivationslosigkeit
- Muskelverspannungen (Begleittherapie)
- nachtragendes Verhalten
- nach schlechter Haltung, Vernachlässigung
- Reizbarkeit
- Stimmungsschwankungen
- Trotz
- Unzufriedenheit
- Verbitterung
- Verdauungsprobleme (Begleittherapie)
- Wut

Foto: © nito – Fotolia.com

39. Die Spezialmischung: RESCUE Remedy (Notfalltropfen)

Diese Nothelfer sind konzipiert für außergewöhnliche Situationen, die stark belastend wirken und für den Betroffenen einen Notfall bedeuten. Der Betroffene kann manchmal auch der Reiter sein!

Die Notfalltropfen bestehen aus fünf verschiedenen Blütenessenzen. Und zwar: Cherry Plum bei Kontrollverlust, Clematis bei Bewusstlosigkeit, Impatiens zur Beruhigung, Rock Rose bei Panik und Verzweiflung und Star of Bethlehem bei Schockzuständen.

Rescue ist als 10ml-, 20ml- und 30ml-Stock-Bottle in Apotheken erhältlich. Oft wurden schon nach einer einmaligen Gabe der Notfall-Tropfen bei Tieren erstaunliche Selbstheilungsprozesse beobachtet.

Rescue ersetzt nicht eine notwendige tierärztliche Behandlung, es hilft aber, den erlittenen „seelischen Schock" aufzulösen. Somit werden die Selbstheilungskräfte des Körpers reaktiviert und der Genesungsprozess gefördert. Schwerwiegendere Folgen eines Schocks oder bleibende körperliche Schäden werden durch rechtzeitige Rescuegaben häufig verhindert.

Mit Schock sind grundsätzlich alle Situationen gemeint, die für das Tier mit großem Stress, plötzlicher Aufregung und/oder Schmerzen verbunden sind. Dies kann ein Unfall, ein Turnier, ein ihm fremder Reiter oder der Besuch des Tierarztes oder des Schmieds sein. Rescue sollte man am besten stets bei sich tragen!

Die Dosierung von Rescue richtet sich nach der Situation. Es kann unverdünnt (jeweils fünf bis zehn Tropfen) in kurzen Abständen von fünf bis zehn Minuten wiederholt verabreicht werden, bis sich der Zustand des Tieres normalisiert hat. Falls das Tier bewusstlos ist, tropft man das Mittel vorsichtig auf Zunge oder Zahnfleisch.

Alles, was bedrohlich oder erschreckend ist oder Schmerzen verursacht, ist als Notfall anzusehen. Die Einsatzgebiete sind daher fast unbegrenzt. Auch äußerlich gibt es keine Anwendungsbeschränkungen.

Einige Anwendungsbeispiele

- bei Verdacht auf eine Vergiftung (zusätzliche Gabe: Crab Apple) bis zur Ankunft des Tierarztes
- bei Unfällen
- bei Tieren, die beim Transport ängstlich und nervös sind – vor dem Verladen und gegebenenfalls auch während der Fahrt
- vor einem Turnier
- vor und nach Operationen
- nach Verletzungen
- nach Herdenkämpfen
- bei immer wiederkehrenden Panikzuständen
- bei Stall- oder Besitzerwechsel
- bei der Zeckenentfernung (hilft, das Gift zu entfernen)
- zur Wundreinigung als Wasserlösung
- nach der Trennung von einem Artgenossen
- vor dem Deckakt
- zur Geburtshilfe für die Stute und das Fohlen
- zur Sterbehilfe (siehe Abschnitt Sterbehilfe, S. 107)

Rescue-Spray Enthält die gleichen Blüten wie die Rescue-Tropfenmischung. Im Vergleich des Sprays mit den Tropfen besteht die gleiche Wirksamkeit – jedoch tritt diese bei der Anwendung des Sprays häufig schneller ein.

Rescue ist nicht zur Daueranwendung vorgesehen, sondern als Erste Hilfe für Tier und Mensch in mehr oder weniger dramatischen Notfallsituationen. Rescue kann, selbst auf Dauer verabreicht, niemals ein Ausgleich für schlechte Haltungsbedingungen und ein nicht artgerechtes Leben sein!

Foto: Rainer Sturm / pixelio

Repertorium A – Z

Ablenkbarkeit – zu leicht ablenkbar

- **Agrimony**
- bei Oberflächlichkeit: **Chestnut Bud**

Abszesse – gerötete oder eitrige

- **Centaury**
- **Clematis**
- **Crab Apple + Olive**

Abwehrschwäche

- zur Verbesserung der Abwehr: **Agrimony**
- um Giftstoffe auszuleiten: **Crab Apple**
- zur allgemeinen Stärkung: **Centaury, Chicory, Clematis, Larch + Olive**

Ängste

- für schüchterne Tiere, die kein Vertrauen zeigen:
  Agrimony
- für Tiere, die von klein auf ängstlich sind:
  Aspen
- bei Angst vor bestimmten Dingen/Situationen:
  Mimulus
- für Tiere, die nach schlechten Erfahrungen ständige Angst haben:
  Sweet Chestnut
- für Tiere, die bei Angst Schockzustände zeigen:
  Rock Rose
- wenn Hoffnungslosigkeit entsteht und der Lebenswille sinkt: **Wild Rose**
- zur Stärkung des Selbstvertrauens und des Willens, gegen Ängste anzukämpfen:
  Gentian + Larch

Aggressionen

- aufgrund fehlender innerer Ausgeglichenheit:
  Scleranthus
- als überschießende Reaktion, "der Hafer sticht":
  Cherry Plum + Impatiens
- aufgrund von Eifersuchtsgefühlen:
  Holly
- aufgrund eines zu starken eigenen Willens, mangelnder Unterordnungsbereitschaft: **Vine**

Alleinsein, Verlassenheit

- für Tiere, die sich ständig alleingelassen fühlen:
  Aspen + Mimulus
- bei zu starker Abhängigkeit vom Tierhalter:
  Cerato + Heather

Allergie

Allergien bei Tieren sind häufig eine Reaktion auf ein negatives Umfeld. Besonders leicht werden Tiere in falscher Haltung und mit mangelndem Selbstvertrauen von Allergien heimgesucht.

Die Haltungsbedingungen müssen verbessert werden.

Hilfreich ist die Stärkung des Selbstvertrauens (siehe Selbstvertrauen und Unsicherheit).

- allgemein: **Beech**
- wenn die allergische Reaktion sehr schnell und heftig auftritt:
  Holly
- bei Futtermittelallergie:
  Impatiens
- nach schlechter Tierhaltung:
  Mustard
- wenn das Tier sehr sensibel ist:
  Crab Apple
- bei einem allergischen Schock:
  Rock Rose
- nach einschneidenden, traumatischen Erlebnissen:
  Star of Bethlehem

Allergie, akute

- als Erste-Hilfe-Maßnahme:
  Rescue
- gegen unkontrollierte, starke Abwehrreaktionen, die auf Ablehnung gegenüber „Fremdem" zurückzuführen sind:
  Beech
- zur beschleunigten Ausleitung der Schadstoffe:
  Crab Apple

Foto: Petra Dirscherl / pixelio

Allergie, chronische

- reinigend:
  Crab Apple
- Basis-Allergieblüten:
  Beech + Holly
- um den Körper aus der aktuellen Situation zu leiten und neue Wege der Reaktion möglich zu machen:
  Walnut
- zur Verarbeitung des Schocks, der vorab Ursache für die Entstehung der Überreaktion war: **Star of Bethlehem**

Altersbeschwerden

- **Hornbeam**
- **Oak, Olive + Walnut**
  (erleichtert auch den Übergang zum Gnadenbrot-Dasein)

Apathie

- wenn die Apathie nach einem Angstzustand auftritt:
  Wild Rose
- wenn Apathie auf einen Schock folgt:
  Star of Bethlehem
- wenn es an Vitalität und Lebensfreude mangelt:
  Clematis
- wenn Tiere einen wichtigen Lebensinhalt/Partner verloren haben und deshalb resignieren:
  Gorse
- nach schwerer körperlicher Krankheit:
  Olive
- wenn sich die Tiere in einem neuen Umfeld nicht einleben können, der Vergangenheit nachtrauern:
  Honeysuckle
- gibt alternden Tieren Kraft:
  Hornbeam

Appetitlosigkeit

- als Anregungs- und Kräftigungsmittel bei vermutlich psychischer Störung/ Aufgeregtheit:
  Chicory

- bei Appetitlosigkeit in Verbindung mit Magen- und Darmbeschwerden:
  Crab Apple
- zur allgemeinen Stärkung:
- **Olive + Walnut**

Ausdauer, mangelnde

- **Agrimony**
- **Elm**
- **Hornbeam**
- **Olive**
- **Scleranthus + Wild Oat**

Bewegungsunlust

- aus mangelndem Interesse: **Clematis + Mustard**
- aus Erschöpfung:
  Hornbeam, Olive

Bösartigkeit

- bei ständigem Drang nach der „Herrschaft“:
  Vervain + Vine
- intolerante Tiere versuchen anderen den eigenen Willen aufzudrängen:
  Beech
- bei plötzlichen Anfällen von Aggression und Angriffslust: **Holly**
- für Tiere, die alle verjagen, die in ihre Nähe kommen:
  Water Violet

Bronchitis, akut

Tierarzt verständigen!

- zur Begleittherapie:
  Beech, Olive, Gentian , Hornbeam+ Rock Rose

Chronische Krankheit

- **Centaury**
- **Olive**
- **Sweet Chestnut**
- **Vine + Wild Rose**

Depressionen

- bei scheinbar nur momentanem Stimmungstief:
  Elm
- für Tiere, die um einen Verlust trauern oder das „Neue“ nicht akzeptieren:
  Walnut + Homöopathie: Ignatia D 30
- wenn ein Tier ohne sichtlichen Grund plötzlich die Lebensfreude verliert:
  Mustard + Wild Oat
- wenn ein Tier nach einer Strafe schmollt:
  Willow
- für Tiere mit wenig Selbstvertrauen, die auf Tadel mit Depression reagieren:
  Pine

Diabetes

- um innere Konflikte zu verarbeiten:
  Agrimony
- um die Kraft zu erhalten und zu steigern:
  Olive
- um den Genesungsprozess anzuregen:
  Gorse

Durchfall

- **Cherry Plum**
- **Crab Apple**
- **Vervain + Scleranthus**
- bei Aufregung: **Aspen, Impatiens, Mimulus + Rock Rose**

Eifersucht

- als Standardmischung:
  Chicory, Heather, Holly, Mimulus + Vine

Eigenwilligkeit

- bei stark ausgeprägter Sturheit:
  White Chestnut
- fördert Offenheit und Interesse:
  Clematis
- bringt den festgefahrenen Willen ins Gleichgewicht: **Oak**
- hilft dem Tier, sich auf die Bedürfnisse anderer Lebewesen in seiner Umgebung einzustellen:
  Vine
- hilft, die alten Verhaltensweisen abzulegen und Flexibilität zu entwickeln: **White Chestnut**
- wenn das Tier scheinbar ständig unter Hochspannung steht und deshalb seine Umwelt nicht wahrnimmt: **Impatiens**
- fördert die Konzentrationsfähigkeit: **Chestnut Bud**

Einzelgängertum

- für Tiere, die im Sozialverband (Herde, Rudel) nicht zur Kontaktaufnahme fähig sind:
  Rock Water + Water Violet
- bei unbewussten und unklaren Ängsten: **Aspen**
- stärkt das Selbstvertrauen: **Larch**
- als Alpha-Tier mit starker Dominanz: **Vervain + Vine**

Ekzeme

- fördert die Ausleitung der giftigen Substanzen, welche sich im Körper befinden:
  Crab Apple + Chestnut Bud
- leitet die Heilreaktion ein – besonders bei Hautallergien: **Wild Rose**
- ermöglicht eine neue Art der Reaktion: **Walnut**
- zur Unterstützung der Selbstheilungskräfte: **Olive**

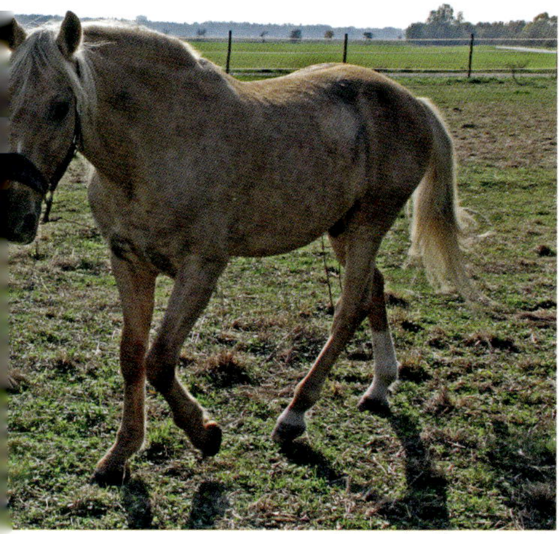

Foto: Andrea Damm / pixelio

Entschlackung/Entgiftung

- **Crab Apple**
- **Chicory + Clematis**

Entwicklungsstörungen

- für die Weiterentwicklung: **Chestnut Bud**
- zur Überwindung der inneren Sehnsucht nach der sorgenfreien Fohlenzeit: **Honeysuckle**
- zur Stärkung des eigenenWillens: **Gentian**
- damit die Störung nicht als Mittel eingesetzt wird, Zuneigung zu erzwingen: **Heather**

Entzündungen

- bei Entzündungen aller Art: **Oak** (auch als Umschläge)

Erschöpfung

- siehe Genesung

Fieber

- **Rescue Remedy**
- **Cherry Plum**
- **Holly + Impatiens**

Futterneid

- gegen aggressive Stimmungen: **Holly**
- wenn ein Tier in früher Jugend falsch ernährt wurde und deshalb massiven Futterneid zeigt: **Mimulus + Aspen**
- gegen innere Zwänge: **White Chestnut**
- gegen den heftigen, unkontrollierbaren Willen: **Oak**
- gegen die Verzweiflung, die sich in Futterneid zeigt: **Cherry Plum**

Geburt

- **Rescue Remedy**
- zur Vorbereitung: **Elm, Chestnut Bud**
- nach der Geburt: **Star of Betlehem + Walnut** für die Mutterstute und das Fohlen
- nach einer schweren Geburt: **Star of Betlehem, Walnut + Rock Rose** für die Mutterstute und das Fohlen
- nach einer Totgeburt: **Rescue Remedy**

Genesung, Förderung der

- bei allgemeiner Erschöpfung: **Centaury**
- wenn das Tier krank war: **Olive, Oak, Elm, Gorse + Sweet Chestnut**
- wenn sich das Tier aus Erschöpfung zurückzieht: **Hornbeam + Olive**
- zur Kraftsteigerung: **Olive**
- zur Beschleunigung der Ausleitung der Schadstoffe: **Crab Apple**
- zur Verhinderung einer Verfestigung und zur Unterstützung der endgültigen Ausheilung: **White Chestnut**

Geschwülste

- bei gutartigen: **Cerato**
- zur dauerhaften Anwendung: **Rescue Remedy, Crab Apple, Elm + Olive**

Heimweh

- Basisblüte – hilft beim Übergang: **Walnut**
- Beugt möglichen Verbitterungen vor: **Willow**
- für Tiere, die scheinbar aus Angst ihr neues Heim nicht akzeptieren können: **Cherry Plum**
- fördert die Aufgeschlossenheit für die neue Umgebung und gegenüber den Menschen: **Clematis + Cerato**
- hilft Trauerzustände zu überwinden: **Honeysuckle**
- schenkt neue Kraft für die Eingewöhnung: **Hornbeam**
- unterstützt die Entscheidung, sich auf Veränderungen einzustellen: **Scleranthus**

Hitzschlag

- **Rescue Remedy**

Husten

Tierarzt konsultieren, eventuelle Allergien müssen festgestellt und in erster Linie durch Haltungsveränderung therapiert werden!

- **Chestnut Bud, Clematis + Gentian**

Immunsystem, Stärkung des

- **Centaury**
- **Clematis**
- **Crab Apple**
- **Hornbeam**
- **Larch + Olive**

Infektionskrankheiten

- bewährte Mischung: **Crab Apple, Holly, Rescue Remedy + Sweet Chestnut**
- unterstützt die Heilreaktion des Körpers zu Beginn einer Infektion: **Rescue Remedy**
- hilft Krankheitserreger zu bekämpfen: **Crab Apple**
- zur Stärkung der Widerstandsfähigkeit: **Centaury**
- für Kraft und Optimismus: **Hornbeam**

Insektenstiche

- **Rescue Remedy** auf den Stich auftragen – auch bei Zeckenbissen!

Kastration

- **Rescue Remedy** davor und danach
- zusätzlich: **Holly, Honeysuckle + Walnut**

Foto: www.jenafoto24.de / pixelio

Kolik

- Tierarzt unbedingt erforderlich! Bis zu dessen Eintreffen: Alle 15 Min. **Rescue Remedy**
- Zusätzlich: **Vervain + Heather**
- häufige Koliken bei Wetterwechsel: **Chestnut Bud**

Kontaktschwierigkeiten

- zum Beispiel nach Stallwechsel, Herdenproblemen: **Beech**

Konzentrationsschwierigkeiten

- bei bekannten Lektionen, die immer wieder „vergessen" werden: **Chestnut Bud**
- bei scheinbarer Motivationslosigkeit und Desinteresse: **Clematis**
- bei anscheinender körperlicher und/oder mentaler Erschöpfung: **Hornbeam**
- nach überstandener Krankheit, bei Müdigkeit: **Olive**
- bei Unsicherheit und „Vergesslichkeit": **White Chestnut**

Koppen

- **Cherry Plum**
- **Chestnut Bud**
- **Clematis**
- **Impatiens + White Chestnut**

Krämpfe

- entspannt und löst: **Rock Water + Chestnut Bud**

Krebs

- siehe Tumore

Lahmheit

Der Tierarzt muss die Ursache/Schwere der Verletzung abklären!

- siehe Kompressen / Umschläge mit Bach-Blüten

Launenhaftigkeit

- wenn zuviel Leistung trotzdem keinen Erfolg bringt und das Tier dadurch unzufrieden wird: **Wild Oat**
- bei heftiger kurzzeitiger Stimmungsänderung: **Impatiens**
- gegen Unentschiedenheit: **Scleranthus**
- zur Stärkung der Lebensfreude, bekämpft innere Unzufriedenheit: **Hornbeam + Willow**

Lebererkrankung

- hilft bei der Entgiftung: **Chicory + Crab Apple**

Lernbereitschaft, Förderung der

- **Chestnut Bud**
- **Centaury**
- **Hornbeam + White Chestnut**

Magen-Darmbeschwerden

- **Chestnut Bud**
- **Chicory**
- **Crab Apple**
- **Elm + Impatiens**
- siehe auch „Kolik"

Mauke

- Teebaumöl mit Jojobaöl mischen, mit Crab Apple, Olive und Walnut anreichern, nach der Säuberung der betroffenen Stelle diese dünn bestreichen.

Misstrauen

- wenn Ängste scheinbar ebenso stark sind wie Aggressionen: **Holly, Mimulus + Willow**
- bei großem Misstrauen: **Gentian**

Muskelkater

- **Elm**
- **Hornbeam + Olive** zur Regeneration

Nervosität

- Basismittel: **Impatiens**
- wenn tiefe innere Ängste vorhanden sind: **Aspen + Mimulus**
- wenn die Nervosität auftritt, weil dem Tier Zuwendung verweigert wird: **Heather**
- wenn das Tier hohe Empfindlichkeit auf Einflüsse von außen zeigt: **Crab Apple**
- wenn Unentschiedenheit im Vordergrund steht: **Scleranthus**
- wenn Nervosität zu Aggressionen führt: **Holly**

Nicht artgerechte Tierhaltung

- Tiere sind verstimmt: **Willow**
- Veränderung der Lebensumstände: **Walnut**
- zur Verarbeitung der negativen Erlebnisse: **Star of Betlehem**
- Haltung muss verändert werden!

Notfall

- **Rescue Remedy** (First Aid)

Operation

- vor der OP: **Rescue Remedy**
- nach der OP: **Gorse, Hornbeam, Mimulus + Olive**

Panikattacken

- **Rescue Remedy**

Parasitenbefall

- **Crab Apple**
- nach der Wurmkur: **Centaury**
- zur Vorbeugung: **Crab Apple + Walnut**

Pilze, Flechten

- um dem Organismus bei der Bekämpfung der Eindringlinge zu helfen: **Crab Apple**
- Waschung der betroffenen Stellen mit: **Rescue Remedy + Crab Apple**

Regeneration

- nach langer Krankheit oder unfallbedingtem Stallarrest: **Centaury + Olive**

Reizbarkeit

- Basismischung gegen Aggressionen und Dominanzprobleme: **Holly + Vine**
- bei Angst: **Aspen + Mimulus**
- bei sozialen Anpassungsschwierigkeiten: **Water Violet**
- bei Verbitterung: **Willow**
- zur Stabilisierung: **Impatiens**

Satteldruck

- Waschungen mit: **Rescue Remedy + Crab Apple**
- Ausheilung der Druckstellen sowie Passgenauigkeit des Sattels muss gewährleistet sein!

Scheinträchtigkeitt

- **Clematis**
- **Red Chestnut**
- **Walnut + Wild Oat**

Schmerzen

- zur sofortigen Hilfe: **Rescue Remedy**
- gegen die aggressiven Tendenzen, die sich unter Schmerzen aufbauen: **Holly**

Schock

- **Rescue Remedy**

Schreckhaftigkeit

- bei wiederkehrendem Erschrecken vor bekannten Dingen: **Mimulus**
- erhöht die Anpassungsfähigkeit: **Beech**

Selbstverstümmelung

- gegen die Gewöhnung an bestimmte Abläufe: **Chestnut Bud + White Chestnut**
- gegen Autoaggressionen: **Beech + Holly**
- zur Verstärkung des Genesungswillens: **Rescue Remedy**
- wenn die Ursache in Schadstoffen der Umgebung liegt (Allergien): **Crab Apple**
- zur Festigung der Stimmung: **Mustard**
- wenn Tiere das Verhalten zeigen, um Zuwendung zu erhalten: **Heather**

Selbstvertrauen, fehlendes

- **Cerato**

Sensibililtät, übersteigerte

- **Aspen**

Sexuelle Störungen

- wenn z.B. die Stute nicht aufnimmt: **Aspen + Pine**

Silvester-Angst

- vor Knallgeräuschen: **Rescue Remedy** – Dosierung nach Bedarf

Sommerekzem

- **Crab Apple**
- **Olive**
- **Walnut + Wild Rose**

Foto: Regina Kaute / pixelio

Sonnenstich

- **Rescue Remedy**

Stereotypien

- bei schweren Ängsten: **Aspen + Mimulus**
- fördert das Selbstvertrauen: **Cerato**
- zur Rückbesinnung auf angeborene Fähigkeiten: **Elm**
- hilft dabei, nicht so schnell aufzugeben und sich auf neue Erfahrungen einzulassen: **Gentian**
- zur Stabilisierung der Persönlichkeit: **Rescue Remedy**
- gibt neuen Antrieb und ermöglicht es, Freude über neue Erfahrungen zu empfinden: **Wild Rose**
- ermöglicht die Entwicklung der Entschlussfreudigkeit: **Scleranthus**

Sterbehilfe

- hilft zur Feststellung, ob noch ein Lebenswille vorhanden ist: **Hornbeam, Olive, Rescue Remedy + Wild Rose**
- erleichtert den Übergang und ermöglicht ein friedliches Einschlafen oder vor dem Einschläfern: **Rescue Remedy, Rock Water + Walnut**

Streitsucht

- gegen Aggressionen: **Holly**
- bei übersteigerter Geltungssucht: **Vine**
- bei Isolierung und deutlicher Kontaktunfähigkeit: **Water Violet**
- für die stets anderen unterlegenen Tiere: **Sweet Chestnut**
- für Tiere, die ständig im Mittelpunkt stehen möchten: **Heather**

Stress

- Basisblüte: **Cherry Plum**
- Stress durch Angst vor etwas Bedrohendem: **Rescue Remedy**

Trächtigkeit

- zur Einleitung der neuen Situation: **Walnut**
- um Freude auf Geburt und Mutterrolle zu stärken: **Wild Oat**
- zur Entlastung von Leber und Nieren: **Crab Apple**
- für Optimismus und gute Laune: **Mimulus**

Trägheit

- fördert das Interesse am eigenen „Ich": **Clematis**
- zu Beginn einer Krankheit zur Stärkung und Abwehr: **Rescue Remedy, Crab Apple, Mustard + Olive**
- für Tiere, die innerlich abgestumpft sind: **Gorse, Honeysuckle, Pine + Rescue Remedy**
- für mehr Freude und Kontaktfähigkeit: **Water Violet**
- gegen das Gefühl der Selbstaufgabe: **Wild Rose**
- gegen Erschöpfung: **Olive**
- für mehr Lebensfreude: **Gorse**
- zur Stärkung des Selbstvertrauens: **Cerato**

Trauer

- wenn ein Partnertier stirbt oder ein Pferd lange von seiner Herde getrennt wird: **Honeysuckle, Larch + Mustard**

Transport, Reise

- **Rescue Remedy**

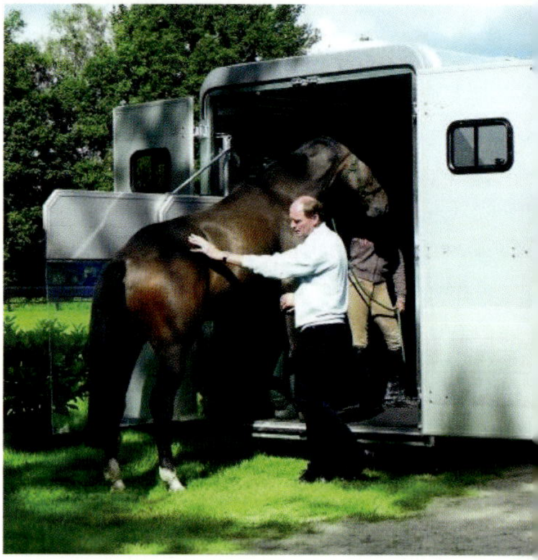

Foto: Boeckmann_horseexperts / CC-BY-SA-3.0

Trennungsschmerz

- **Rescue Remedy**

Tumore, Krebsgeschwülste

- für die blockierte Vitalität, die sich in planloser Wucherung Bahn bricht: **Agrimony**
- damit das wuchernde Gewebe zu seiner ursprünglichen Aufgabe und Funktion zurückfindet: **Wild Oat**
- sorgt für Optimismus und das Akzeptieren der Lebensumstände: **Hornbeam**
- gegen die Gleichgültigkeit gegenüber dem eigenen Körper: **Clematis**

Überempfindlichkeit

- bei Panik, Nervosität und Hektik: **Rock Rose**
- bei Tieren, die sich alleingelassen unsicher fühlen: **Heather**
- leitet heftige Reaktionen auf normale Zustände zurück: **Impatiens**
- sorgt für eine allgemeine Stabilisierung: **Walnut**

Überlastung

- bei körperlicher Überanstrengung: **Agrimony**

Unausgeglichenheit

- **Agrimony + Cherry Plum**

Unbeholfenheit

- fördert die Konzentrations- und Koordinationsfähigkeit: **Elm, Clematis + Wild Rose**

Unentschlossenheit

- wenn sie sich in Hektik und nervösem Verhalten äußert: **Impatiens**
- bei Trägheit und Motivationslosigkeit: **Hornbeam**

Unfall, nach

- **Rescue Remedy**

Ungeduld

- für reizbare oder mürrische Charaktere, ungeduldige und ständig schlecht gelaunte Tiere: **Impatiens**

Unruhe

- **Agrimony**
- **Cherry Plum + Impatiens**
- bei hoher Anspannung, auch mit Zähneknirschen: **White Chestnut**

Unsicherheit

- **Cerato + Larch**

Unterwürfigkeit, zu starke

- **Centaury**

Vergiftung

- zur Aktivierung der körpereigenen Heilkräfte: **Rescue Remedy**
- damit die Giftstoffe so schnell wie möglich ausgeleitet werden: **Crab Apple**
- zur Stärkung der Duchhaltekraft: **Gentian**
- gegen die Tendenz, die Situation als hoffnungslos einzuordnen und sich aufzugeben: **Sweet Chestnut**

Verspannung

- zum „Loslassen“: **Cherry Plum, Oak, Rock Water + Vervain**

Wehleidigkeit

- Tiere, die schon bei geringen Schmerzen überreagieren: **Heather, Mimulus + Larch**

Wetterfühligkeit

- **Aspen**
- **Chestnut Bud**
- **Scleranthus + Walnut**

Willensschwäche

- **Centaury**

Wunden

- verbessert die Wundheilung: **Gorse**
- zur allgemeinen Stärkung der Abwehrkräfte: **Hornbeam + Olive**
- bei klaffenden offenen Wunden: **Agrimony**
- wirkt reinigend: **Crab Apple**
- wenn das Tier zu unruhig ist: **Impatiens**
- wenn das Tier seine Verletzungen ignoriert und durch Unruhe die Heilung verzögert: **Oak**
- wenn das Tier seinen Sonderstatus zu genießen scheint: **Water Violet**
- aktiviert die Heilungskräfte des Körpers: **Scleranthus**
- wenn der Zustand sich plötzlich deutlich verschlimmert: **Sweet Chestnut**
- wenn die Bewegungsfreiheit des Tieres eingeschränkt bleiben wird und damit es dies akzeptiert: **Willow**

Würmer

- nach der Wurmkur: **Centaury**

Foto: Susanne Schmich / pixelio

Zerstörungswut

- für Tiere, die aus Wut oder Übermut Gegenstände zerstören: **Holly (eventuell + Pine + Willow)**
- bei übersteigertem Nageverhalten: **Impatiens + White Chestnut**

Zwanghafte Verhaltensweisen

- gegen die Intoleranz, die das Tier gegenüber bestehenden Situationen zeigt: **Beech**
- gegen das übertriebene Verhalten: **Impatiens**
- gegen die Gewöhnungstendenz: **Chestnut Bud + White Chestnut**
- gegen den eisernen, zu starren Willen: **Oak + Vine**
- fördert die Offenheit für neue Reaktionsweisen: **Walnut + Wild Oat**

Foto: Nina / CC-BY-SA-3.0

Besondere Einsatzmöglichkeiten der Bach-Blüten

Kompressen, Waschungen und Umschläge mit Bach-Blüten

Bach-Blüten können nicht nur innerlich verabreicht werden, sondern finden auch als Kompressen und Umschläge ihre Anwendung.

Hierfür gibt man sechs Tropfen der entsprechenden Blüten auf 500 ml stilles Wasser. Diese äußere Anwendung kann als kalte Kompressen angewandt werden und wird jeweils mit den entsprechenden Blüten ergänzt.

Absetzen des Fohlens

- **Crab Apple, Walnut**

Ausschläge

- **Beech, Crab Apple**

Ekzeme

- **Beech, Crab Apple**

Entzündungen, einschließlich Gelenksentzündungen

- **Beech, Crab Apple, Oak**

Hämatome

- **Rescue, Crab Apple**

Insektenstiche

- **Rescue Remedy**

Mauke

- **Teebaumöl und Jojobaöl mischen, Crab Apple, Olive und Walnut dazugeben**

Prellungen

- **Rescue Remedy, Crab Apple**

Schwellungen

- **Rescue Remedy, Crab Apple**

Sommerekzeme

- **Beech, Crab Apple, Hornbeam**

Verstauchungen

- **Rescue Remedy, Crab Apple**

Zerrungen

- **Rescue Remedy, Crab Apple**

Als Insektenabwehr zur Waschung dient ein Gemisch aus Wasser und Obstessig: Drei Liter Wasser auf einen Liter Obstessig mit Zusatz von jeweils sechs Tropfen Crab Apple und sechs Tropfen Centaury.

Heiße Kompressen werden bei Durchblutungsstörungen sowie entspannungsfördernd bei Muskel- und Gelenkserkrankungen angelegt: Crab Apple, Oak, Rescue, Rock Water

Bei Bindehautentzündungen haben sich Augentropfen aus abgekochtem (!) Wasser und Crab Apple bewährt.

Rescue-Remedy-Creme

Diese fertige Bach-Blüten-Creme ist in Apotheken erhältlich und wird ohne Lanolin- und Parfumzusätze hergestellt. Zusätzlich zu den Blüten Clematis, Cherry Plum, Impatiens, Rock Rose und Star of Betlehem ist noch die Blüte Crab Apple (Reinigungsblüte) enthalten.

Unverzüglich angewendet wirkt sie schmerzlindernd und mindert die Gefahr von Schwellungen und Wundinfektionen. Die Rescue Creme kommt bei vielerlei Verletzungen von Pferd oder Reiter zum Einsatz. Das Auftragen auf Riss- oder Schürfwunden beschleunigt die Heilung der betroffenen Hautpartien. Offene Wunden sollten nur am Wundrand behandelt werden.

Auch bei Hauterkrankungen, Insektenstichen und Ekzemen aller Art ist diese Creme stets einen Versuch wert und sollte in keinem Stall fehlen.

Die Rescue-Remedy-Creme kann auch selbst hergestellt werden, indem man in eine neutrale Salbe (Apotheke) zwei Tropfen Rescue Remedy – bzw. die Einzelblüten – sowie einen Tropfen Crab Apple pro 10 ml Salbe einrührt. Bei Entzüdungen gibt man zusätzlich Holly bei.

Eine gute Ergänzung zu Bach-Blüten-Creme, -Tropfen und -Spray ist die Calendula-Salbe, welche als pflanzliches Antiseptikum gilt und bei Entzündungen, z.B. an Wundrändern, zur schnelleren Abheilung beiträgt.

Bewährte Bach-Blüten und Mischungen bei häufigen Problemen

Angst

Bei sensiblen Tieren genügt manchmal schon eine Kleinigkeit, wie etwa ein angstauslösendes Geräusch in der Reithalle, um ein sich immer wiederholendes Scheuen an gleicher Stelle auszulösen. Ein einziger kurzer Schreckmoment beim Verladen kann bei einem unerfahrenen Pferd dauerhafte Transportprobleme nach sich ziehen.

Ob es sich nun um Wasserscheue, Kopf- oder Sattelscheue, Angst vor bestimmten Hindernissen oder eine generelle Schreckhaftigkeit handelt: Um das Problem zu lösen, muss der Besitzer das Vertrauen des Pferdes gewinnen und durch viel Geduld erhalten. Er darf nie mehr von seinem Pferd verlangen, als es leisten kann. Viele Ängste entstehen durch Überforderung in der Ausbildung und lassen sich nur durch viel Ruhe im täglichen Umgang und Arbeit abbauen.

Bei heftigen Angstattacken zum Beispiel während des Ausrittes oder auf dem Turnier haben sich 8 bis 10 Tropfen Rescue Remedy (vor dem Ausritt) hervorragend bewährt. Bei einem Turnier sollte auf die Einnahmemischung des verdünnten Rescue

Remedy oder Globuli ausgewichen werden (siehe Abschnitt Turnier, S. 105).

Pferde, welche auch im täglichen Umgang und der Arbeit sehr scheu und ängstlich sind, benötigen eine Dauermischung aus folgenden Blüten:

- **Aspen** – gegen allgemeine Schreckhaftigkeit und unklare Ängste
- **Cerato** – gegen Unsicherheit und zur Steigerung des Selbstvertrauens
- **Cherry Plum** – gegen innere Spannungen und Unruhe
- **Larch** – gegen Mutlosigkeit und Verzweiflung, zur Steigerung des Selbstbewusstseins
- **Mimulus** – als Basisblüte gegen spezifische Ängste
- **Star of Betlehem** – zur Schockverarbeitung

Aggressionen, Wut und Widersetzlichkeit

Zeigt das Pferd Aggressionen gegenüber Menschen, so ist auch hier fast immer ein falscher Umgang, eine nicht artgerechte Haltung oder eine Überforderung des Tieres der Auslöser. Bei Widersetzlichkeit unter dem Sattel muss zunächst tierärztlich ausgeschlossen werden, dass eventuelle körperliche Schmerzen als Hintergrund der Aggressionen zu sehen sind.

Nicht selten sind Verspannungen im Rücken-, Hals- oder Kieferbereich ursächlich für plötzlich auftretende oder sich langsam steigernde Widersetzlichkeiten.

Wut und Aggressionen lassen sich nur ausschalten, wenn die Ursache gefunden und behoben wird. Bei Pferden, die bereits durch mehrere Hände gingen, sind diese Nachforschungen häufig erfolglos. Hier sollte man in Umgang und Ausbildung einige Schritte zurückgehen und mit viel Ruhe und Einfühlungsvermögen das Vertrauen des Pferdes gewinnen.

Ein Reiter, der sich ausgiebig mit seinem Pferd beschäftigt, seine Körpersprache lernt und ihm klare Verhältnisse bietet, gibt ihm die so wichtige Geborgenheit und wird als Alpha-Tier akzeptiert.

Unterstützend hierbei sind folgende Bach-Blüten:

- **Beech** – zur Steigerung der Toleranz, gegen Aggressionen
- **Cherry Plum** – gegen innere Spannungen und Unruhe
- **Star of Bethlehem** – zur Schockverarbeitung (seelisch und körperlich)
- **Vine** – zur Förderung der Unterordnungsbereitschaft, senkt übermäßige Dominanz

Werden Pferde nicht artgerecht gehalten, können keine Beziehungen untereinander aufgebaut werden. Es zeigt sich dann Aggressivität oder Dominanz, im besten Falle Ignoranz oder Unfreundlichkeit gegenüber den Artgenossen.

Kommt ein Pferd aus jahrelanger Boxenhaltung ohne Herdenverband, so ist sein Sozialverhalten beeinträchtigt und es wird sich anderen Pferden entweder ängstlich oder aggressiv nähern. Innerhalb der Gruppe regeneriert sich das Sozialverhalten meist nach einiger Zeit wieder. Zeigen sich während der Phase der Rangordnungsgestaltung Machtkämpfe und / oder Eifersucht, so ist zu der zuvor genannten Mischung die zusätzliche Gabe der Blüte

- **Holly** – zur Verminderung der Aggressivität und Eifersucht

sinnvoll.

Untugenden und Zwangshandlungen

Die bekanntesten und verbreitetsten Zwangshandlungen sind das Koppen und Weben:

Koppen ist eine Verhaltensstörung, die durch Langeweile und Vereinsamung, eventuell auch eine spätere Ersatzbefriedigung des unbefriedigten Saugbedürfnisses als Fohlen, dem eine zu kurze oder gar keine Saugperiode zugestanden war, hervorgerufen wird. Koppende Pferde nutzen die Schneidezähne ungleichmäßig ab, sind meist keine guten Futterverwerter und neigen zu Magen- und Darmerkrankungen (Koliken), die nur durch eine schnelle Behandlung des Tierarztes geheilt werden können.

Die üblichen mechanischen Maßnahmen wie Kopperriemen, Anbinden, Aufhängen von Sandsäcken und ähnliches mehr oder auch chirurgische Eingriffe wie die Kopperoperation sind symptomatische Maßnahmen, die lediglich die Verhaltensstörung unterdrücken und unbedingt mit Veränderungen der Haltung einhergehen sollten.

Die Motivation, die Stereotypie weiterhin auszuführen, bleibt dem Tier jedoch meist erhalten und scheint ihm zu helfen, mit seiner Situation besser fertig zu werden.

Am besten bekämpft man diese Probleme im Anfangsstadium, bevor sich das Verhalten manifestiert hat. Ein gelangweiltes Pferd braucht mehr Bewegung und Abwechslung, im Alltag und im Ausbildungsprogramm.

Weben

Ein webendes Pferd pendelt oft stundenlang mit dem Hals hin und her; häufig tritt es dabei auch von einem Vorderbein auf das andere.

Ein Pferd, das webt, leidet unter Eintönigkeit und Bewegungsmangel. Weben schädigt auf Dauer die Beine. Schlimmer noch ist der Schaden am Gemüt eines solchen bedauernswerten Pferdes. Obwohl die Ursache in menschlichem Versagen, vor allem in falscher Haltung, liegt, nennt man das Weben eine „Untugend“.

Ein häufiges Problem bei Pferden

ist das Benagen von Holz. Dies kann unterschiedliche Ursachen haben. Zunächst ist zu überprüfen, wie das Tier gefüttert wird. Eine artgerechte Ernährung ist überaus wichtig, denn Rauhfuttermangel oder Mangel an Mineralstoffsalzen kann zu dieser Verhaltensstörung führen.

Liegt das Problem also im „Funktionsbereich Fressen", muss entweder die Ration oder die Zusammensetzung geändert werden. Ebenso könnte ein Salzleckstein erforderlich sein. Häufig liegt die Ursache des Problems aber auch hier in der Reizverarmung des Pferdes. Hier muss der Besitzer die Haltungs- und Beschäftigungsbedingungen für das Pferd verbessern. Nicht giftige, holzige Pflanzenteile auf der Weide oder in der Box können hier ebenfalls eine kleine Hilfe zur Befriedigung des Spieltriebes eines Pferdes sein. Wie bei allen Verhaltensstörungen können auch ein fehlender Kontakt zu Artgenossen oder ständige Konflikt- und Stresssituationen die Ursache sein.

Hilfreich kann bei Koppern, Webern und anderen zwanghaften Handlungen die Gabe folgender Mischung sein:

- **Cherry Plum** – gegen innere Spannungen
- **Chestnut Bud** – gegen Ruhelosigkeit, hilft unsinnige Verhaltensweisen abzustellen
- **Clematis** – fördert die Wahrnehmung des Alltags
- **Impatiens** – gegen Ungeduld und innere Hektik
- **Vine** – gegen innere Aggressionen und zwanghafte Handlungen
- **White Chestnut** – gegen zwanghafte Handlungen

Foto: pixabay / CCO 1.0

Foto: Barney O'Fair / pixelio

Heimweh nach Stall- oder Besitzerwechsel

Das erste traumatische Erlebnis ist für das Pferd meist das Absetzen und die Trennung von der Mutterstute. Häufig ist diese Trennung gleichzeitig mit einem Stall- und Besitzerwechsel verbunden.

Das Fohlen benötigt in dieser Phase einer massiven Lebensumstellung besonders viel Liebe und Geduld seines neuen Besitzers, um Vertrauen fassen zu können.

Aber auch bei erwachsenen Pferden kann ein Besitzer- oder Stallwechsel und somit die Trennung von Artgenossen zu einem Trauma führen. Trauer ist häufig die Ursache für apathisches oder auch aggressives Verhalten.

Folgende Bach-Blütenmischung hilft dem Pferd, mit der Vergangenheit leichter abzuschließen, Trennungen zu verarbeiten und sich auf das neue Leben einzustellen:

- **Honeysuckle** – hilft bei dem Neuanfang
- **Star of Betlehem** – zur Schockverarbeitung
- **Walnut** – gegen Verunsicherung in der neuen Lebenssituation

Zusätzlich wird die Mischung je nach dem Verhalten des Pferdes ergänzt:

- mit **Aspen** und **Mimulus** bei plötzlicher Ängstlichkeit und Unsicherheit
- mit **Water Violet** bei Anpassungsschwierigkeiten in der neuen Herde (Einzelgänger)

Probleme beim Ausritt

Nicht nur lästig und unangenehm, sondern wirklich gefährlich können Untugenden im Gelände werden. Steigen, Buckeln, Schlagen, ständiges Scheuen oder Durchgehen können zu ernsthaften Unfällen führen.

Hier muss nun unterschieden werden, ob die gezeigte Unart auf Ängste und Unsicherheiten oder auf Widersetzlichkeiten, Wut und Aggressionen zurückzuführen ist. Da häufig auch die Unsicherheit des Reiters (in Erwartung der Probleme) eine große Rolle spielt, sollte hier unbedingt auch der Reiter eine für ihn passende Bach-Blütenmischung einnehmen.

Dass nur sehr erfahrende und sattelfeste Reiter überhaupt auf einem als derart unberechenbar geltenden Pferd ins Gelände gehen sollten, dürfte selbstverständlich sein. Eine fundierte Ausbildung in der Halle und auf dem Reitplatz gehört als Grundvoraussetzung dazu. Im Gelände schwierige Pferde zeigen gewisse Unarten meist auch in der täglichen Arbeit – und hier sollte in der Ausbildung angesetzt werden.

Zur generellen Beruhigung der Situation empfiehlt sich:

- **Rescue Remedy** (8 bis 10 Tropfen) vor dem Ausritt sowie gegebenenfalls auch zwischendurch
- je nach Typ und Wesen des Pferdes ist auch eine Langzeitgabe der Angstblüten **Aspen, Cherry Plum, Gentian, Mimulus, Rock Rose** oder Aggressions- und Dominanzblüten **Beech, Holly, Vervain, Vine** ratsam
- klebt das Pferd im Gelände an seinen Artgenossen, so sollte die Blüte **Heather** zugegeben werden

Widersetzlichkeiten

Zu den häufigsten Problemen gehören die Widersetzlichkeiten des Pferdes unter dem Sattel und im täglichen Umgang. Wie bereits bei den Problemen beim Ausritt leisten auch hier die Notfalltropfen Rescue Remedy gute Dienste.

Besonders bei Ängstlichkeiten und genereller Aufgeregtheit in besonderen und für viele Pferde stressbelasteten Situationen, wie der Besuch des Tierarztes, des Schmieds oder beim Verladen, gibt man 8-10 Tropfen Rescue Remedy.

Da diese Ereignisse zeitlich geplant werden und somit kalkulierbar sind, sollte man bereits einige Stunden vorher mit der Gabe beginnen und diese stündlich wiederholen. Bei akuten Angstzuständen oder einer unangenehmen oder gar schmerzhaften tierärztlichen Untersuchung kann Rescue Remedy bedenkenlos auch in kurzen Abständen von ungefähr 10 bis 15 Minuten gegeben werden.

Bei Widersetzlichkeiten gegenüber dem Reiter sollte man eine Dauertherapie über mehrere Wochen durchführen. Hierbei müssen vorab die Ursachen der Probleme herausgefunden werden. Handelt es sich um ein sehr ängstliches Pferd, welches aufgrund seiner inneren Panik und Unsicherheit beispielsweise stets wieder in gleichen Situationen scheut, buckelt oder versucht, sich durch andere Auflehnung zu entziehen, so bewährt sich eine Angstmischung mit folgenden Blüten:

- **Aspen** – gegen die Schreckhaftigkeit und unklare Ängste
- **Cerato** – zur Steigerung der inneren Sicherheit und des Selbstvertrauens
- **Gentian** – gegen die Angst und das Misstrauen vor Neuem und Unbekanntem
- **Larch** – zur Steigerung des Vertrauens in eigene Fähigkeiten und des Selbstbewusstseins
- **Mimulus** – gegen spezifische Ängste und Scheu vor bestimmten Dingen und Situationen
- **Star of Betlehem** – zur Verarbeitung eventueller negativer Erlebnisse in der Vergangenheit

Zeigen sich die Widersetzlichkeiten nicht als ängstliches Verhalten, sondern sind ursächlich in der Dominanz des Pferdes zu suchen, welches sich nicht unterordnet und gegen den Reiter ankämpft, so hat sich folgende Bach-Blütenmischung bewährt:

- **Beech** – gegen Aggressivität, Intoleranz und übersteigerten Willen, verringert die Kampfbereitschaft und die Protesthandlungen
- **Cherry Plum** – bei plötzlichen Temperamentsausbrüchen und Unberechenbarkeit
- **Holly** – gegen Wut, Feindseligkeit und Aggressionen
- **Vervain** – gegen die innere Nervosität, Impulsivität und Unruhe
- **Vine** – verringert die Dominanz, Eigensinn und Herrschsucht

Scheint das Pferd sehr hektisch, ungeduldig und leicht reizbar zu sein, so empfiehlt sich eine Ergänzung mit:

- **Impatiens**

Foto: pixabay / CCO 1.0

Lern- und Ausbildungsschwierigkeiten

Von Lernschwierigkeiten spricht man dann, wenn sicher ausgeschlossen werden kann, dass das Pferd nicht überfordert und gemäß seines Alters und Ausbildungsstands sowie seiner generellen Fähigkeiten gearbeitet wird.

Übertriebener Ehrgeiz des Reiters und ein zu rasches Ausbildungstempo können bei dem Pferd zu einem Burn-Out-Syndrom führen, welches sich in Müdigkeit und Lustlosigkeit bis hin zur völligen Verweigerung äußert.

Ist das Pferd jedoch trotz angemessenem Ausbildungstempo und entsprechendem reiterlichen Können unkonzentriert, vergesslich und hat scheinbar keine Freude an der Arbeit, so hat sich folgende Mischung bewährt:

- **Agrimony** – gegen die Ablenkbarkeit und zur Förderung der Konzentration
- **Centaury** – bei Konzentrationsschwäche und rascher Müdigkeit
- **Chestnut Bud** – bei Ungeschicklichkeit und Unvorsichtigkeit, fördert die Aufmerksamkeit
- **Hornbeam** – gegen Müdigkeit und Lustlosigkeit, fördert die Motivation und Energie vor allem bei Pferden, welche nur bei Routinelektionen abschalten, bei Neuem jedoch eifrig mitarbeiten

- **White Chestnut** – zur Förderung der Lernbereitschaft und Konzentration, gegen Müdigkeit und Geistesabwesenheit
- **Wild Oat** – gegen die Launenhaftigkeit, wenn das Pferd sehr schnell das Interesse verliert

Heilungsförderung bei Verletzungen und Krankheiten

Jede Krankheit und Verletzung kann durch Bach-Blüten heilungsfördernd unterstützt werden, wobei dies stets als Begleittherapie zur tierärztlichen oder homöopathischen Therapie erfolgt.

Folgende Mischungen haben sich bewährt.

Bei Allergien, Hautproblemen aller Art und Parasitenbefall:

- **Rescue Remedy** – als Erstmaßnahme bei akuten Allergieschüben
- **Beech** – gegen unkontrollierte Abwehrreaktionen gegen das Fremde. Basisblüte bei Allergien.
- **Crab Apple** – zur Förderung der Entgiftung und Ausleitung
- **Holly** – bei plötzlich und heftig auftretenden Allergien
- **Impatiens** – bei Futtermittelallergie
- **Rock Rose** – bei einem allergischen Schock
- **Walnut** – um dem Pferd im Umgang mit der neuen Situation zu helfen

Bei Ekzemen, Ausschlägen und allen oberflächlich sichtbaren Hauterkrankungen ist die zusätzliche äußerliche Anwendung sinnvoll, siehe Kapitel Besondere Einsatzmöglichkeiten der Bach-Blüten ab S. 94.

Bei akuten oder chronischen Atemwegserkrankungen:

- **Centaury** – um den Genesungswillen zu fördern
- **Beech** – als Basis-Allergieblüte
- **Hornbeam** – zur Steigerung von Kraft und Energie
- **Olive** – gegen die innere Erschöpfung
- **Rock Rose** – gegen innere Panik bei plötzlicher Krankheit

Folgende Mischungen haben sich bei Magen- und Darmerkrankungen bewährt.

Bei Durchfall und Verstopfung:

- **Scleranthus** – wichtig, wenn Durchfall und Verstopfung abwechseln
- **Vervain** – gegen die innere Nervosität
- **Olive** – zur Steigerung der Kraft und Energie

Bei Kolik und Vergiftungen:

- **Rescue Remedy** – als Erstmaßnahme bis zum Eintreffen des Tierarztes
- **Crab Apple** – zur Ausleitung der Giftstoffe
- **Gentian** – zur Stärkung der Durchhaltekraft
- **Olive** – zur Kraftsteigerung
- **Sweet Chestnut** – um den Willen zum Durchhalten zu stärken

Bei Wunden und Verletzungen:

- **Rescue Remedy** – als Erstmaßnahme
- **Crab Apple** – wirkt reinigend
- **Gorse** – fördert die Wundheilung
- **Hornbeam** – zur Steigerung der Abwehrkräfte
- **Impatiens** – gegen die innere Unruhe
- **Olive** – steigert Kraft und Energie

Bei Infektionskrankheiten aller Art:

- **Rescue Remedy** – unterstützt zu Beginn einer Infektion
- **Centaury** – fördert die Widerstandsfähigkeit
- **Crab Apple** – bekämpft Erreger, hilft bei der Ausleitung
- **Hornbeam** – gibt Vitalität, Kraft und Optimismus

Förderung der Kraft, Vitalität und Steigerung der Immunabwehr

Um einem Pferd während oder nach einer überstandenen Krankheit oder auch alten Pferden wieder zu neuer Kraft und Energie zu verhelfen und neuen Lebensmut zu schenken, hat sich folgende Bach-Blütenmischung bewährt:

- **Clematis** – aktiviert die Lebensfreude
- **Crab Apple** – steigert die Abwehrkräfte
- **Elm** – gegen Erschöpfung und Niedergeschlagenheit
- **Gorse** – fördert Kraft und motiviert zum Durchhalten
- **Honeysuckle** – bekämpft Traurigkeit und Apathie
- **Hornbeam** – bringt neue Energie, gegen Müdigkeit
- **Olive** – stärkt die Vitalität und gibt Energie

Turnier

Viele Pferde sind im täglichen Training zuhause eifrig, lernbereit und problemlos im Umgang. Am Tag des Turniers zeigt sich häufig bereits bei den Vorbereitungen eine innere Anspannung, welche sich meist in Nervosität und Ängstlichkeit äußert.

Das Pferd registriert die vor einem Turnier übliche Aufregung und häufig auch die Anspannung seines Reiters. Die Vorbereitungen sollten daher möglichst in Ruhe und ohne Hektik ausgeführt werden, um insbesondere sensible Pferde nicht bereits vorab zu verunsichern. Das Verladen sollte im Vorfeld ausgiebig trainiert worden sein und am Turniertag mit besonderer Ruhe und genügend Zeit ausgeführt werden.

Besteht eine Konstellation zwischen einem noch wenig turniererfahrenen Pferd und einem ebensolchen Reiter, so sollte auch der Reiter Bach-Blüten einnehmen.

Bei den ersten Anzeichen von Stress oder nervösem Verhalten erhalten Pferd und Reiter Rescue Remedy.

Für Pferde empfiehlt es sich, vor und während des Turniers Rescue-Globuli zu geben – siehe auch den Abschnitt Bach-Blüten im Turniersport, S. 21.

Bei besonders aufgeregten und ängstlichen Pferden gibt man bereits vorher über längere Zeit zusätzlich die folgenden Blüten:

- **Aspen** – gegen unklare Ängste
- **Mimulus** – gegen Angst vor bestimmten Dingen und Situationen

Neigt das Pferd eher aus Dominanzgründen zu Widersetzlichkeiten, gibt man zusätzlich vorher über längere Zeit die folgenden Blüten:

- **Beech** – gegen Aggressionen und Protest
- **Holly** – zur Förderung der Toleranz, gegen Aggression und Bösartigkeit
- **Vine** – gegen Eigensinn, zur Dominanzsenkung

Probleme im Herdenverband

Pferde bilden naturgemäß sogenannte Familien. Dieser Harem wird von dem Leittier meist eifersüchtig bewacht und gegen Nebenbuhler verteidigt. Unter den Pferden existiert eine Rangordnung, welche dem gewieften Beobachter speziell in Konkurrenzsituationen (Futter, attraktive Ruheplätze) offenbart wird.

Nicht immer herrscht innerhalb einer Koppelgemeinschaft Harmonie.

Foto: pixabay / CCO 1.0

Spätestens, wenn ein neues Pferd hinzukommt, gerät die Rangordnung in Bewegung und der Neuling muss zuerst seinen Platz innerhalb der Herde finden.

Dass neue Pferde behutsam durch anfängliches Abkoppeln eines Bereiches in die bestehende Gemeinschaft eingeführt werden, sollte selbstverständlich sein. Häufig treten jedoch auch nach längerer Eingewöhnungsphase Probleme auf. Herrschsüchtige Anführer (Vervain- oder Vine-Pferde) tyrannisieren nicht selten die ängstlichen und unterlegenen Pferde.

Um einem ängstlichen und wenig selbstbewussten Pferd zu helfen, hat sich folgende Mischung bewährt:

- **Aspen** – gegen die unklaren Ängste
- **Gentian** – gegen die Skepsis vor allem Neuen
- **Larch** – zur Steigerung des Selbstbewusstseins
- **Mimulus** – gegen spezifische Ängste und Scheu
- **Star of Betlehem** – zum Vergessen negativer Erlebnisse

Nimmt das Pferd eine sehr demütige Haltung ein, wird ständig unterdrückt und macht einen schuldbewussten Eindruck, so gibt man die Blüte Pine hinzu.

Um zu aggressive und herrschsüchtige Herdenanführer zu mehr Toleranz und Nachgiebigkeit zu verhelfen, hat sich folgende Mischung bewährt:

- **Beech** – mindert übersteigerten Willen, Arroganz und Aggressionsbereitschaft
- **Cherry Plum** – gegen die innere Anspannung
- **Holly** – fördert die Toleranz
- **Impatiens** – gegen Ungeduld und Reizbarkeit
- **Vervain** – vermindert übertriebenes Verhalten und Impulsivität
- **Vine** – gegen Aggressionen, Dominanz und Herrschsucht

Sterbehilfe

Wenn das Pferd im Sterben liegt und man ihm den Übergang erleichtern möchte, sollte man ihm Bach-Blüten geben. Bach-Blüten können niemals töten! Sie helfen ihm nur dabei, seine eigene Entscheidung zu treffen – ob es weiterleben oder einschlafen will – und mildern seine Angst.

Wenn das Pferd sich zurückzieht, apathisch wirkt, Futter- und Wasseraufnahme verweigert und nicht mehr zu motivieren ist, erhält es eine Kombination aus Rescue, Hornbeam, Wild Rose und Olive, um den Lebenswillen zu überprüfen.

Verändert es sich innerhalb der nächsten 30 Minuten, lässt sich wieder motivieren, reagiert zum Beispiel mit Ohrenspiel auf Ihren Zuspruch, so ist Ihr Pferd seelisch noch nicht entschlossen, von selbst zu gehen. Körperlich ist es jedoch zu schwach, und es kann durchaus sinnvoll sein, nochmals alles medizinisch Mögliche zu versuchen.

Reagiert das Pferd nach der Bach-Blüten-Gabe jedoch unverändert apathisch, so kann man ihm mit Rescue Remedy, Walnut und Rock Water seine Entscheidung erleichtern und ihm dadurch in seiner gewohnten Umgebung ein friedliches Einschlafen ermöglichen. Den Moment, wann es wirklich "gehen" will, wird es selbst bestimmen.

Falls der Tierarzt zum Einschläfern gerufen wurde, erhält das Pferd dieselbe Mischung, bevor der Veterinär kommt. Die Beruhigungsspritze wird zwar seinen Körper ruhig stellen, nicht jedoch seine Psyche, bevor die Euthanasiespritze folgt. Diesen letzten Liebesdienst sollte man seinem Freund zukommen lassen. Derart „getröstete" Tiere strahlen in ihrem letzten Moment einen erstaunlichen Frieden aus.

Foto: pixabay / CC0 1.0

Rahmenbedingungen für eine erfolgreiche Bach-Blüten-Therapie bei Pferden

Die meisten häufigen Untugenden und Verhaltensstörungen sind vermeidbar, wenn der Reiter gewisse Grundbedürfnisse und Eigenschaften seines Pferdes kennt und eine artgerechte Haltung und einfühlsame Ausbildung sicherstellt.

Es ist nicht möglich, mit Bach-Blüten eine mangelhafte Haltung oder die Nichterfüllung der elementaren Bedürfnisse der Pferde auszugleichen. Nicht artgerechte Haltung führt zu körperlichen und seelischen Schäden und immer müssen zuerst die äußeren Bedingungen verbessert werden, bevor man mit der Hilfe von Bach-Blüten dem Pferd helfen kann, diese negativen Erlebnisse zu verarbeiten und wieder ein seelisches Gleichgewicht zu finden.

Der wahre Pferdefreund versucht, seinem Freund das Leben so artgerecht wie möglich zu gestalten und dies mit seinen eigenen Ambitionen – sei dies als Freizeit- oder Sportreiter – zu verbinden. Das wichtigste Zugeständnis ist die Möglichkeit des Weidegangs, wo das Pferd grasen, seinem Bewegungsdrang nachgeben und sich regenerieren kann.

Pferde brauchen Licht und staubfreie Luft zum Atmen.

In der Natur ist die normale Gangart des Pferdes der gemütliche Schritt. Getrabt oder galoppiert wird meist nur um zu imponieren, im Spiel oder auf der Flucht. Wenn es vermeidbar ist, wird wohl kein Pferd freiwillig springen, und das Tragen eines Reiters oder das Ziehen einer Kutsche war ursprünglich von der Natur wohl kaum vorgesehen. Das wilde Pferd frisst ganztägig, wann immer es Lust hat, und verbringt mit der Futteraufnahme mindestens die Hälfte des Tages.

Pferde sind Herdentiere und haben ein ausgeprägtes Bedürfnis, mit Artgenossen ständig Sicht-, Hör-, Geruchs- und Körperkontakt zu halten. Die Herde gibt dem Fluchttier Pferd in Freiheit Sicherheit und bietet auch Schutz vor Feinden. Kein Mensch und kein anderes Tier können einem Pferd den Artgenossen ersetzen.

Unabhängig von Rasse und Aufgabe hat jedes Pferd einen großen Bedarf an täglicher Bewegung. Der Bewegungstrieb gehört zur Psyche und den wichtigsten Lebenselementen des Pferdes. 23-stündige Boxenhaft täglich und dadurch bedingter massiver Bewegungsmangel führt fast unweigerlich zu psychischen Störungen, welche sich häufig erst nach einigen Jahren zeigen und dann als für den Pferdehalter unangenehme Verhaltensstörung auftreten.

Weidepferd–Sportpferd als Widerspruch?

Turnierpferde müssen nach Ansicht vieler Pferdebesitzer im Stall stehen, im Winter mit Decken versehen und täglich etwa 20-60 Minuten geritten werden. Als Futter ist reichlich Kraftfutter zu geben, jede Zugluft ist zu vermeiden, die Fenster sollten dicht geschlossen bleiben, Weidegang nur bei schönem Wetter und maximal ein bis zwei Stunden täglich. Die Tatsache, dass der Tierarzt bei diesen Pferden häufig zur Behandlung typischer Krankheiten, wie Koliken, Husten und Lahmheiten, benötigt wird, scheint vielen schicksalhaft.

Betrachtet man viele Reitanlagen unter den Gesichtspunkten einer pferdegerechten Haltung, so wird man erkennen, dass mit den gehobenen Ansprüchen der Reiter an die Reitanlagen die Ansprüche des Pferdes auf eine artgerechte Haltung oft auf der Strecke bleiben. Als Argument wird von Turnierreitern die Notwendigkeit einer ausschließlichen Boxenhaltung aus Gründen der Pferdegesundheit, des Trainings, der besser dosierbaren Fütterung, der jederzeitigen sauberen und trockenen Verfügbarkeit des Pferdes angegeben. Auch die angeblich erhöhte Verletzungsgefahr beim Weidegang gilt als Argument.

Wen wundert es hier wirklich, wenn diese Pferde dann unter dem Sattel unkonzentriert sind oder auf dem Turnier ihre Frustration und ihren Bewegungsdrang in Form von Widersetzlichkeiten ausleben?

Die Verständigung zwischen Mensch und Tier

Für die Verständigung zwischen Mensch und Pferd wurden im Laufe der Jahrhunderte immer feinere Methoden entwickelt. Abgesehen von den Hilfen beim Reiten und Fahren (Zügelführung, Schenkelhilfen, Gewichtsverlagerungen) bleibt der tägliche Kontakt mit dem Tier über das Reden, Füttern, Putzen und Belohnen die wichtigste „Kommunikationsart“.

Für die Erziehung der Pferde sind fachgerechte Hilfsmittel in verantwortungsvoller Hand durchaus anwendbar. Zorn, Aggressionen und Gewalt jedoch haben im Umgang mit Pferden nichts zu suchen!

Pferde sind hochsensible Wesen und reagieren rasch und sicher auf klare Zeichen ihres Menschen. Ebenso reagieren sie jedoch auch auf massive Fehler in Haltung und Umgang und zeigen ihre seelische Not durch Verhaltensstörungen, undefinierbare Ängste oder gar Gegenaggressionen.

Scheuen, Beißen, Ausschlagen oder auch Benagen der Stallwände sind häufig auf falschen Umgang oder Haltungsfehler zurückzuführen. Problematisch sind auch Koppen und Weben. Diese Untugenden können kaum korrigiert werden und sind zudem gesundheitlich problematisch.

Das Pferd muss Vertrauen zu seinem Reiter aufbauen können. Neben der täglichen Pflege des Pferdes wird Vertrauen auch während der täglichen Arbeit aufgebaut. Dazu sind die Ausbildungsschritte so klein zu halten, dass sie stets mit einem erfolgreichen Abschluss verbunden sind, der dann belohnt wird. Auf diese Weise erhält man ein Pferd, welches sich in der Gegenwart des Besitzers auch in bedrohlichen Situationen sicher und beschützt fühlt.

Um dem Pferd Schutz zu geben, muss der Mensch außerdem die ranghöhere Position einnehmen. Dazu benötigt er Einfühlungsvermögen zum Pferd, ein entsprechendes Fachwissen und möglichst viel Erfahrung sowie Konsequenz und Bestimmtheit im Umgang. Grundsätzlich falsch sind Schläge, denn sie führen beim Pferd nicht zu Unterordnung, sondern zu Angst oder zu Aggression. Wird jedoch das Dominanzverhältnis basierend auf Vertrauen frühzeitig geklärt, akzeptiert das Pferd seine unterlegene Position und verhält sich entsprechend.

Um psychischen Stress zu vermeiden, sollte man weiterhin beachten, dass Pferde sich nur für eine gewisse Zeit konzentrieren können. Die Dauer ist individuell verschieden und hängt vom Alter, Entwicklungsstand, Charakter und der geforderten Übung ab.

Erfahrungsgemäß können sich junge Pferde maximal zehn, erwachsene Tiere maximal 20 Minuten am Stück konzentrieren. Eine Überforderung ist deshalb vorprogrammiert, wenn man sein Pferd ohne Entspannungsphase durchgehend eine Stunde lang arbeitet. Eine tiergerechte Ausbildung berücksichtigt individuell auf das Pferd abgestimmt die jeweilige maximale Konzentrationsdauer und vermeidet dadurch eine psychische Überbelastung.

Wenn man die natürlichen Bedürfnisse des Tieres erkennt und sich entsprechend verhält, findet man den Zugang zum Pferd schneller und lernt auf diese Weise auch, wann man etwas verlangen und auch durchsetzen kann und wann nicht. Die richtige Beziehung des Reiters zum Pferd tritt dann ein, wenn der Reiter spürt, dass seinem Pferd die gemeinsame Bewegung Spaß macht. Um zu einem harmonischen Miteinander zu finden, ist es häufig sinnvoll, Pferd und Reiter mit den jeweils passenden Bach-Blüten aufeinander einzustimmen.

Zur Vorbeugung von Verhaltensstörungen dürfen prophylaktische Maßnahmen bei der Auswahl von Zuchttieren nicht außer Acht gelassen werden. Manche Verhaltensstörung wie Koppen und übermäßige Angst oder Aggressivität tritt in einigen Rassen und Linien häufiger auf. Bei den betroffenen Tieren ist zum Beispiel aggressives Verhalten meist schon unmittelbar nach der Geburt zu beobachten, ohne dass äußere Einflüsse dafür verantwortlich gemacht werden können.

Eine Therapie ist bei genetisch bedingten Verhaltensstörungen unmöglich und der verantwortungsvollen Zucht kommt daher eine große Bedeutung zu. Zuchthengste und Zuchtstuten mit einer Verhaltensstörung sollten daher konsequent aus der Zucht ausgeschlossen werden, wenn nachweislich verwandte Tiere ebenfalls ein von der Norm abweichendes Verhalten zeigen.

Foto: Mikel Ortega; Niabot / CC-BY-SA 2.0

Die Psyche und die Instinkte des Pferdes

Eine ausgeglichene Psyche ist eine der wichtigsten Voraussetzungen für Wohlbefinden, Ausgeglichenheit und Leistungsfähigkeit sowie Rittigkeit eines Pferdes. Wie bei den Menschen gibt es natürlich auch bei den Pferden sensiblere und robustere Charaktere, die in unterschiedlicher Form mit ihren Problemen fertig werden und diese auch jeweils anders verarbeiten.

Jeder Reiter sollte deshalb versuchen, die Psyche seines Pferdes zu verstehen und zu ergründen, um sich in entsprechenden Situationen richtig zu verhalten. Dies beginnt bereits mit der Ankunft in einem für das Pferd neuen Stall und dem ersten Kontakt mit unbekannten Pferden auf der Weide.

Die besondere psychische Veranlagung des Herden- und Fluchttieres Pferd findet häufig zu wenig Berücksichtigung in der modernen Pferdehaltung. Vieles in dieser heutigen Pferdehaltung widerspricht den Instinkten und der Psyche des Pferdes. Nicht das Pferd ist für seine Untugenden oder Verhaltensstörungen verantwortlich, sondern der Mensch und dessen Pferdehaltung.

Pferde, welche unter dem Sattel bei der Arbeit lustlos, eigensinnig, träge oder gar bösartig sind, wurden fast immer charakterlich verdorben. Im

Laufe ihres Lebens mussten sie wohl mindestens einmal einen falschen, unzureichenden oder gar brutalen Umgang erleiden. Auch wenn es unter den Pferden mehr oder weniger temperamentvolle, ungeduldige oder eigensinnige Typen gibt, kaum eines wurde mit den angesprochenen psychischen Verhaltensstörungen geboren.

Diese Unarten wurden ihm praktisch unbewusst durch den Menschen anerzogen. Kann ein Pferd sich in für es schwierigen Situationen nicht in den Schutz des Herdenverbandes zurückziehen und findet auch in seinem Reiter keine genügende Sicherheit, so sucht sich die Psyche des Pferdes bei Stress, Angst oder anderen Unannehmlichkeiten ein Ventil. Jede Verhaltensstörung wie Koppen, Weben, Scheuen, Kleben, Steigen ist als Hilfeschrei der Pferdeseele zu bewerten.

Foto: M. E. / pixelio

Werden diese Umstände nun vom Reiter und Stallbesitzer erkannt und beispielsweise Haltungsbedingungen, Fütterung, Ausbildungstempo oder der generelle Umgang mit dem Tier verändert, so lassen sich fast alle dieser Angewohnheiten korrigieren.

Da auch Pferde untereinander Sympathien und Antipathien entwickeln, ist es in vielen Fällen schon hilfreich, bei Rangeleien innerhalb der Pferdegruppe die Gruppengröße und -zusammensetzung zu verändern. Die sozialen Verhaltensweisen der Pferde sollten auch bei der Boxeneinteilung berücksichtigt werden. Auf der Weide miteinander konkurrierende Pferde gehören keinesfalls in nebeneinanderliegende Boxen, Freundschaften sollten unbedingt berücksichtigt werden. Die Trennung zweier befreundeter Pferde durch Stallwechsel oder Tod des einen Pferdes kann zu schweren psychischen Neurosen führen.

Um trotz des stark ausgeprägten Bedürfnisses nach Geselligkeit als Reiter auch die Möglichkeit zu haben, sein Pferd von der Gruppe zu trennen und auch einmal alleine auszureiten, muss daher das Pferd schon in frühester Jugend an gelegentliche Trennungen von seiner Herde gewöhnt werden.

Das Kleben an Stall oder Artgenossen gehört zu den am häufigsten genannten Problemen der Pferdebesitzer. Man sollte bereits als Züchter beim Saugfohlen beginnen, kurze

Trennungen von der Mutterstute einzuüben.

Erkennt das Pferd, dass Trennungen nur kurzzeitig sind und es nach einer absehbaren Zeit wieder zu seinen Stallkameraden darf, so wird es dies nach und nach akzeptieren. Ein so erzogenes Pferd verliert zwar nicht seine Instinkte und somit seinen Trieb zur Herde, entwickelt jedoch großes Vertrauen zu seinem Reiter und ist diesbezüglich psychisch stabil. Mit einem derart trainierten Pferd sind Einzel-Ausritte ebenso möglich wie die Trennung von der Reitergruppe. (Dies sollte ebenfalls regelmäßig trainiert werden!)

Ursachen und Vermeidung von Verhaltensstörungen

Phlegmatische, sture oder faule Pferde reagieren auf äußere Reize anders als stürmische, nervöse oder eifrige Pferde. Ist der Reiter nicht in der Lage, die naturbedingten Anlagen seines Pferdes positiv zu nutzen, sondern verstärkt er sie negativ, so entsteht hieraus rasch eine Untugend. Unter einem unsicheren Reiter wird ein empfindliches Pferd noch nervöser, unter einem schwachen Reiter wird ein faules Pferd noch sturer und triebiger werden.

Die ursprüngliche und spontane Reaktion des Pferdes kann sich bei Wiederholungen der Situation verfestigen. Hat es mit seinem Verhalten Erfolg, indem der Reiter etwa bei Widersetzlichkeit absteigt (oder stürzt) wird es dieses Verhalten eventuell bei nächster passender Gelegenheit erneut zeigen. So kann hieraus auf Dauer eine lästige Angewohnheit oder Untugend werden.

„Echte" Verhaltensstörungen liegen immer dann vor, wenn das Verhalten erheblich und andauernd vom Normalverhalten abweicht und Ursachen wie Schmerz, Angst, konditioniertes Verhalten oder Rangordnungsprobleme auszuschließen sind.

Alle anderen gezeigten Verhaltensweisen der Pferde sind als Normalverhalten einzustufen und an uns Menschen liegt es, diese zu verstehen und die Pferde entsprechend zu behandeln.

In vielen Fällen lassen sich einschneidende Ereignisse im negativen Sinne mit dem erstmaligen Auftreten einer Verhaltensstörung in Zusammenhang bringen. Man spricht deshalb auch von einem Initialtrauma.

Eine nicht zu unterschätzende Gefahr für soziale Fehlentwicklung besteht, wenn ein Fohlen nur mit der Mutter und ohne weitere Artgenossen aufgezogen wird. Weitere Ursachen für die Entstehung von Verhaltensstörungen bei jungen Pferden können sein:

- zu frühes oder plötzliches Absetzen von der Mutterstute
- abrupter Trainingsbeginn, zu harte Ausbildungsmethoden
- psychische und physische Überforderung im Training
- krankheitsbedingte Boxenruhe, verbunden mit sozialer Isolation
- Stallwechsel in Hinblick auf eine Verschlechterung. Das ist beispielsweise der Fall, wenn ein Fohlen unter weitgehend natürlichen Lebensbedingungen in einer Jungpferdeaufzucht großgezogen wurde und dann von heute auf morgen zur Ausbildung in eine Einzelhaltung kommt, wo die vertrauten Artgenossen fehlen, kein engerer Sozialkontakt geschweige denn gemeinsamer Weidegang mit anderen Pferden möglich ist, es 23 Stunden in einer Box steht und lediglich zu Ausbildungszwecken herausgenommen wird.

Foto: pixabay / CC0 1.0

Sicherlich sind in der Praxis die Mehrzahl der Pferde mindestens einmal in ihrem Leben einem solchen Initialtrauma ausgesetzt. Daher sollte die Bach-Blüte Star of Betlehem in fast jeder Erstmischung für Pferde enthalten sein.

Aber bei weitem nicht alle Tiere reagieren mit einer Verhaltensstörung. Was ist also im Vorfeld noch von Bedeutung? In wissenschaftlichen Studien konnte nachgewiesen werden, dass sogenannte prädisponierende Faktoren für das Auftreten von Verhaltensstörungen mitverantwortlich sind. Dabei spielen die Haltung, der Umgang sowie genetische Einflüsse eine besondere Rolle.

Pferde werden evolutionsbedingt häufig von heftigen Ängsten überfallen (Fluchttrieb). Bestimmte Ereignisse machen jedem Pferd Angst, schlechte Erfahrungen verankern sich im Gehirn des Pferdes. Erfahrene Pferdehalter versuchen deshalb, solch negative Erfahrungen zu vermeiden. Die Neutralisierung negativer Erlebnisse erfordert viel Einfühlungsvermögen und Geduld.

Verladeprobleme haben ihren Ursprung häufig darin, dass jungen Pferden nicht genügend Zeit gelassen wird, die angstmachende Rampe sowie den dunklen Hänger ausgiebig zu untersuchen.

Es ist zu Beginn keine Verhaltensstörung, sondern ein ganz normales Verhalten, dass das ehemalige Steppentier Pferd eine „dunkle Höhle“ – in diesem Falle einen Transporter – ohne jede Fluchtmöglichkeit nicht freiwillig betritt und sich, wenn es nicht ausreichend mit dem Menschen und dem Transporter vertraut ist, vehement dagegen wehrt.

Ebenso verhält es sich beim Durchgehen oder Scheuen. Auch diese beiden Verhaltensweisen entsprechen dem Normalverhalten. Pferde sind Fluchttiere. Schreckhaft zu sein und zu fliehen ist für sie natürlich und war im Laufe der Evolution überlebensnotwendig.

Zu den Urängsten des Pferdes gehört der Verlust des Gleichgewichts auf für ihm unsicheren Untergrund ebenso wie die Angst vor Stürzen und somit die Hilflosigkeit gegenüber Angreifern. Ähnlich verhält es sich in neuer Umgebung, bei unbekannten Geräuschen oder Gerüchen, bei dem ersten Kontakt mit Bächen oder tiefen Pfützen sowie beim Anblick unbekannter Objekte.

Gibt der Pferdehalter in solchen Momenten seinem Pferd nicht die Möglichkeit, dem Angstauslöser auf den Grund zu gehen und dessen Ungefährlichkeit festzustellen, wird es immer problematischer. Auch jede Art einer Strafe durch den Reiter aufgrund einer Angstreaktion seines Pferdes verschlimmert die Ängste und legt den Grundstein für heftige Verhaltensstörungen und Widersetzlichkeiten.

Literatur- und Internet-Tipps

Institut für Bach-Blütentherapie
Dr. Edward Bach Centre
– German Office –
Mechthild Scheffer
Lippmannstraße 53
22769 Hamburg

http://www.doc-nature.com

http://Bach-Blütenhaus.com

http://www.mirapet.com

http://www.bach-bluetentherapie.de

http://www.bachblueten-shop.com

Bach-Blüten-Analysebogen

Sie brauchen Hilfe bei einem bestimmten Problem Ihres Pferdes? Nutzen Sie diesen Analysebogen und erhalten Sie eine kostenlose Beratung der Autorin.

Wie lautet der Name Ihres Pferdes?

____

Rasse: ____________________ **Alter:** ____ **Jahre**

Größe: ____________ **Geschlecht:** ________________

Wie alt war Ihr Pferd, als es zu Ihnen kam: ____________

Ist dies Ihr erstes Pferd?

- ❍ Ja
- ❍ Nein

Steht Ihr Pferd in:

- ❍ Box
- ❍ Offenstall (Zahl der Pferde in der Gruppe: _______)

Wie oft bewegen Sie Ihr Pferd?

- ❍ Täglich
- ❍ 2-3 mal pro Woche
- ❍ ________

Wieviele Reiter bewegen das Pferd: __________

Hat Ihr Pferd Weidegang?

- ❍ Täglich
- ❍ Nur bei gutem Wetter
- ❍ Nein

Welche Reitweise üben Sie aus?

- ❍ Englisch
- ❍ Western
- ❍ Alternativ: ______________________________

Sind Sie

- ❍ Freizeitreiter
- ❍ Distanzreiter
- ❍ Turnierreiter Springen
- ❍ Turnierreiter Dressur
- ❍ ______________________________

Wie würden Sie Ihre Reitfertigkeiten beschreiben:

- ❍ Anfänger
- ❍ Fortgeschritten
- ❍ Könner

In welchem Alter wurde Ihr Pferd angeritten? ____________

Aktueller Ausbildungsstand: ______________________________

Reiten Sie hauptsächlich

- ❍ auf dem Platz
- ❍ in der Halle
- ❍ im Gelände

Haben Sie das Gefühl, dass Ihr Pferd Spaß am Lernen hat?

- ❍ Ja
- ❍ Nein, eher widerwillig

Leidet Ihr Pferd unter einer akuten / chronischen Krankheit?
Welcher: ____

Bitte kreuzen Sie die zutreffenden aktuellen Verhaltensweisen Ihres Tieres an: (maximal sechs !)

1. ❍ falsche Fröhlichkeit, Ruhelosigkeit in der Box, gehorsam unter dem Reiter
2. ❍ undefinierbare Ängste, schreckhaft, will nicht alleine sein, Nervosität
3. ❍ intolerant und aggressiv, Probleme in der Herde, verspannt unter dem Reiter, Ekzeme, Allergien
4. ❍ überbrav, unterwirft sich anderen Tieren und Menschen schnell, häufige Infekte
5. ❍ unsicher, gehorcht jedem, ahmt andere Tiere nach, geringes Selbstvertrauen
6. ❍ unbeherrscht, innere Spannungen, Unruhe, Nervosität
7. ❍ macht immer die gleichen Fehler, vergisst Gelerntes wieder, häufige Koliken
8. ❍ egoistisch, will im Mittelpunkt stehen, zu starker Mutterinstinkt bei weiblichen Tieren
9. ❍ unkonzentriert, desinteressiert, reagiert nur langsam
10. ❍ Infektanfälligkeit, Parasitenbefall, Pilzinfektionen
11. ❍ niedergeschlagen, Anzeichen von Überforderung bei eigentlich kräftigen Tieren, motivationslos
12. ❍ misstrauisch, Skepsis gegen alles Neue, wenig Ausdauer, lange Krankheit überstanden
13. ❍ Resignation und Müdigkeit, schwer motivierbar, häufiger Besitzerwechsel
14. ❍ fordert uneingeschränkte Zuwendung, ist nicht gerne alleine, Kleber
15. ❍ eifersüchtig, aggressiv gegen Artgenossen oder Menschen, buckeln, beißen
16. ❍ desinteressiert, scheint der Vergangenheit nachzutrauern, neuer Besitzer/Stallwechsel
17. ❍ schlapp und müde, konzentrationsschwach, kraftlos
18. ❍ hyperaktiv, gereizt, ungeduldig und ungestüm

19. ❍ mangelndes Selbstvertrauen, zaghaft und zurückhaltend, rangniedrig in der Herde
20. ❍ spezifische Ängste vor bestimmten Dingen, Scheu
21. ❍ plötzliche Traurigkeit/Trägheit, starke Stimmungsschwankungen
22. ❍ trotz Erschöpfung starkes Pflichtbewusstsein, gibt nicht auf, Gefahr der Überforderung
23. ❍ geistige und körperliche Erschöpfung, großes Ruhebedürfnis, Appetitlosigkeit
24. ❍ mutlos, schuldbewusstes Verhalten, unterwürfig, wird häufig angegriffen
25. ❍ übertriebener Beschützerinstinkt, Kleber, Phase des Absetzens (Fohlen)
26. ❍ extreme Ängste bis zu Panikattacken, unberechenbar, Durchfall, Schwitzen
27. ❍ wirkt ständig unnatürlich angespannt, sehr diszipliniert, Muskelverspannungen
28. ❍ Stimmungsschwankungen, wechselhaft, unausgeglichen, Koliken bei Wetterwechsel
29. ❍ hat einen seelischen Schock scheinbar noch nicht verkraftet, Stallwechsel/neuer Besitzer
30. ❍ scheinbare Ausweglosigkeit, appetitlos, desinteressiert, nach schwerer Krankheit
31. ❍ übereifrig, übermäßige Begeisterung, sehr dominant
32. ❍ übermäßige Dominanz, ordnet sich nicht unter, Leittier, lernunwillig, aggressiv
33. ❍ verunsichert aufgrund einer veränderten Lebenssituation
34. ❍ Einzelgänger, übertriebener Stolz, meidet jeglichen Kontakt
35. ❍ unruhig, unaufmerksam, konzentrationsschwach, Kopper, Weber
36. ❍ wenig Ausdauer, unzufrieden, begabt, aber verliert das Interesse schnell
37. ❍ energielos, teilnahmslos, apathisch, scheint sich aufgegeben zu haben
38. ❍ verbittert, launenhaft, scheinbar ständige schlechte Laune, feindselig und aggressiv

❍ Ich bitte nur um Angabe einer Mischung zur Steigerung der Abwehrkräfte!

Bitte schildern Sie nun das Problem, welches Sie im Verhalten Ihres Tieres beobachten (ggf. zusätzliches Blatt verwenden):

____

____

____

____

____

____

____

____

____

____

____

____

Bitte tragen Sie hier Ihre Adresse ein und senden Sie das Formular mit einem frankierten und mit Ihrer Anschrift versehenen Rückumschlag (sonst keine Bearbeitung möglich!) an mich (Adresse s. u.) zurück.

Name: ____________________________________

Straße: ____________________________________

PLZ: ________________ Ort: ____________________

Tel.-Nr.: ________________ Fax-Nr.: ________________

E-Mail: ____________________________________

Tierpsychologin Marion Brehmer
Altwiedermuser Weg 27
63584 Gründau
Fax: 06058-917894
E-Mail: Brehmion@gmx.de
www.hundepsychologin.de

In diesem Buch wurden teilweise Bezeichnungen verwendet, die eingetragene Warenzeichen sind; diese unterliegen als solche den gesetzlichen Bestimmungen. Sämtliche Daten und Ausführungen in dem vorliegenden Buch wurden mit größter Sorgfalt recherchiert und zusammengestellt. Dennoch können weder Verlag noch Autorin sich für deren Richtigkeit verbürgen; jegliche Haftung seitens Verlag oder Autor für die Richtigkeit der in diesem Buch gemachten Angaben ist daher ausgeschlossen.

Susanne Kreuer

Pferde verstehen

Mit Achtung und Respekt Vertrauen herstellen

Mit einem Vorwort von **Bernd Hackl**

ISBN 978-3-8382-0455-0
200 Seiten, mit zahlr. farb. Abb.
Paperback. € 22,00

Erhältlich in jeder Buchhandlung oder direkt beim *ibidem*-Verlag

Wie können wir im Umgang mit unserem Pferd fair und gerecht sein und eine harmonische Partnerschaft aufbauen? Wo liegt der menschliche Anteil bei Problemen mit dem Pferd, und was können wir tun, um an uns selbst im Sinne des Pferdes zu arbeiten?
Mit neuen Erkenntnissen aus der modernen Psychologie und Verhaltensforschung sowie bewährtem Wissen aus ihrer langjährigen Berufspraxis als Coach in Wirtschaft und Wissenschaft ermöglicht Susanne Kreuer ihren Lesern, die Welt mit den Augen des Pferdes zu sehen und dabei gleichzeitig die Sicht auf sich selbst zu vertiefen. Kreuers Blick auf die Gemeinsamkeiten und Unterschiede im Wesen von Mensch und Pferd deckt unbewusste missverständliche Verhaltensmuster auf und hilft, diese durch eine partnerschaftliche Strategie zu ersetzen und so zu einem besseren, harmonischeren Umgang mit Pferden zu finden.
Kreuers Buch ermöglicht dem Leser nicht nur einen wichtigen Schritt zu einem empathischen und verständnisvollen Umgang mit seinem Pferd, sondern auch einen klareren Blick auf sich selbst.

ibidem-Verlag | Leuschnerstr. 40 | 30457 Hannover
Telefon: 0511 26 222 00 | Fax: 0511 26 222 01
vertrieb@ibidem-verlag.de | www.ibidem-verlag.de

Ein genialer Leitfaden für alle Pferdeneulinge, als auch die, die schon lange mit Pferden zu tun haben.

Kerstin Ruhe

DANKE für dieses tolle Buch!!! Es ist eine absolute Bereicherung für die ganze Reiterwelt, egal ob Englisch oder Western.

Carina Merl

Wer eine vertrauensvolle Basis zu seinem Pferd sucht, sollte dieses Buch gelesen haben!

Susanne Meyer

Kreuers Buch ist für jeden, der sich mit Pferden und dem Reitsport beschäftigt eine gewinnbringende Lektüre, die es dem Leser ermöglicht, ein harmonisches Vertrauensverhältnis zu seinem Pferd herzustellen.

Onlinezeitung

ibidem Verlag

Lesen Sie auch:

Ellen Drost

Das blinde Pferd

Haltung, Pflege
und Arbeit

Ein Ratgeber

Augenkrankheiten sind bei Pferden keine Seltenheit. **Was aber tun, wenn das eigene Pferd plötzlich erblindet?**

Dieser Frage musste sich Ellen Drost stellen, als ihr Nantan an *Periodischer Augenentzündung* erkrankte. Für die begeisterte Pferdeliebhaberin stand schnell fest: Einschläfern kommt nicht in Frage. Stattdessen machte sie sich gemeinsam mit Nantan auf den Weg, die Herausforderung Blindheit zu meistern, und schaffte das, was viele für unmöglich hielten: Nantan ein langes und vor allem glückliches Leben zu bereiten.

Mit diesem Ratgeber gibt Ellen Drost ihre Erfahrungen weiter. Alle, die selbst mit der Entscheidung hadern, wie sie ihr blindes Pferd versorgen sollen, finden hier Tipps und Hinweise, die in der Praxis erprobt sind.

Ellen Drost: **Das blinde Pferd: Haltung, Pflege und Arbeit**
134 Seiten. Paperback. **€ 22,00**
ISBN 978-3-95538-012-0
WiSa

Sigrid Sailer

Mit
Bach-Blüten
beschwingt und
frohgestimmt

Haben Sie Tage, an denen Sie den Kopf hängen lassen, mit dem linken Fuß aufgestanden, schlecht aufgelegt sind?

Es ist Ihnen etwas über die Leber gelaufen, Sie haben etwas in sich hineingefressen, bald platzt Ihnen der Kragen?

Der alltägliche Trott wächst Ihnen über den Kopf, Sorgen und Zweifel suchen Sie heim, die Angst sitzt Ihnen im Nacken?

Negative emotionelle Zustände haben einen Grund, und den herauszufinden, sich darüber klar zu werden, dabei wird Ihnen dieses Buch behilflich sein.

Sigrid Sailer, Leiterin des italienischen *Internationalen Zentrum für Neue Therapien* (C.I.N.T.), zeigt Ihnen, wie Sie ganz einfach Ihre und die Gemütszustände Ihrer Mitmenschen einordnen und mittels Bach-Blüten-Therapie verbessern können.

Sigrid Sailer: **Mit Bach-Blüten beschwingt und frohgestimmt**
238 Seiten. Paperback. **€ 22,00**
ISBN 978-3-95538-014-4

WiSa